生物化学实验多媒体教程

主编　谢宁昌

华东理工大学出版社
EAST CHINA UNIVERSITY OF SCIENCE AND TECHNOLOGY PRESS

图书在版编目(CIP)数据

生物化学实验多媒体教程/谢宁昌主编.—上海:华东理工大学出版社，
2006.9(2023.7重印)

ISBN 978-7-5628-1962-2

Ⅰ.生...　Ⅱ.谢...　Ⅲ.生物化学-实验-高等学校-教材　Ⅳ.Q5-33

中国版本图书馆 CIP 数据核字(2006)第 109385 号

生物化学实验多媒体教程

··

主　　编 / 谢宁昌

责任编辑 / 胡　景

封面设计 / 王晓迪

责任校对 / 金慧娟

出版发行 / 华东理工大学出版社有限公司

　　　　　　地　　址:上海市梅陇路 130 号,200237

　　　　　　电　　话:(021)64250306

　　　　　　传　　真:(021)64252707

　　　　　　网　　址:www.ecustpress.cn

印　　刷 / 江苏凤凰数码印务有限公司

开　　本 / 787mm×960mm　1/16

印　　张 / 7.5

字　　数 / 121 千字

版　　次 / 2006 年 9 月第 1 版

印　　次 / 2023 年 7 月第 12 次

书　　号 / ISBN 978-7-5628-1962-2

定　　价 / 22.00 元(请至我社官方网站 www.ecustpress.cn 处下载相关资料)

联系我们:电子邮箱 zongbianban@ecustpress.cn

　　　　　官方微博 e.weibo.com/ecustpress

　　　　　天猫旗舰店 http://hdlgdxcbs.tmall.com

本书编委会

主　编　谢宁昌

编　委　谢宁昌　吴　昊　宫长斌

　　　　孟政杰　胡永红　何冰芳

前　言

　　《生物化学实验多媒体教程》是一套集音像和图文为一体的实验教材,由一本图文并茂的纸质教材和一盘光碟组成,光碟为一部生物化学实验软件。与市面上常见的教材不同,它用了很多数码照片和大量视频来演示生物化学实验中仪器设备的正确使用、实验装置的科学搭建和规范操作等实验环节,形象而生动。教程中所选实验融入了作者二十余年的实验教学经验,所有实验都是基础的生物化学实验,内容涵盖糖、脂、蛋白质、核酸和酶等领域,涉及层析技术、电泳技术、重量法、容量法、分光光度法等常用的分离鉴定、定性定量分析手段,是高校非生物化学专业学生良好的生物化学实验教材,特别有利于教师讲解实验、学生预习和复习实验,对生物化学实验室和生物化学实验课程建设也有很大帮助。

　　《生物化学实验多媒体教程》是新的教学形势催生的产物。世纪交替之初,高校的普遍扩招导致了实验设备和空间(实验室)的严重不足,各校纷纷探索新的实验教学模式来解决这一危机,一种被称为开放式、滚动式的新型实验教学模式诞生了。实验室全天开放,提高了实验室的利用率,解决了空间不足问题;同一个实验室内同时开设多个实验项目,每个实验项目只配备几套仪器设备,保证每个学生一套。在同一时间内,学生各自进行不同的实验,在学期内轮流做完全部实验,这就是滚动式的实验。例如,一个拥有56张操作台的实验室(7排实验桌,8张操作台/排),可以同时安排7个实验项目,每个实验项目配备8套仪器设备,学生分为7组,每组8位同学,每个学生一次做一个实验,分7次做完全部实验。这样,既提高了仪器设备的使用率,又大大节省了硬件投入。但新的实验模式也带来了新的难题,它不能像传统的实验模式那样与理论课程协调进行、循序渐进,老师也不可能像以前那样在学生做实验之前现场对实验进行详细地讲解。于是,为了保障实验顺利进行,教师就必须在学生进入实验室前将所有的实验全部详细地讲解一遍,学生的预习也变得极为重要,预习报告要写得非常细致(实验中填上实验现象、数据记录和实验结果等就是实验报告)。这样,为适应滚动式实验模式的要求,一本直观易学、生动有趣的实验教材成了广大师生的迫切需求,编写《生物化学实验多媒体教程》的构想就是在这种背景下产生的。教师可以通过多媒体来演示实验,实验室也可以通过在电脑中安装实验软件或通过 DVD 全天循环播放实验操作录像,使学生很好地达到预习实验的目的。

大量的视频文件(98 分钟)是《生物化学实验多媒体教程》的最主要组成部分和亮点所在,所有拍摄和后期制作工作全部由本教研室的教师完成,使知识性、专业性和技术性达到了较为和谐的统一,无形之中也降低了制作难度和成本。拍摄工作由专业教师周密安排,精心编导,亲自掌机,在实验室工作人员的紧密配合下,选择动手能力强的优秀学生来演示,按照规范步骤如实操作,通过不断变换拍摄角度,交替应用广角和长焦,多方位表现实验过程的全景和细节。然后,请普通话说得标准的学生按老师拟好的解说词进行配音,用 Adobe. Premiere 软件进行后期合成、制作。抱歉的是,由于 CD 光盘容量的限制,我们不得不将视频文件由 640 * 480 处理成了 384 * 288。同时,我们的实验处于不断改进之中,但录像难以随之重拍,因此,个别实验的视频可能与文字教材不完全相符,虽然并不影响实验的正常进行,但以完善起见,还是建议以文字为准。

众多的图片(100 余幅)是本教材的另一特色,多数为实物数码照片,少数为手工绘制的原理图和示意图,除了几幅"实验试剂"、"实验器材"的图片外,其他都可以放大到宽度为 1280,高度为 960 的分辨率进行查看,读者可以在该教材附带的光盘软件中点击放大,丝毫不影响其清晰度,非常方便查看细节和重新编辑。

许多师生对本教材的制作提供了很多帮助,或是参加了表演和配音,或是参加了文字和软件的编辑工作,或是进行了场景布置(实验仪器、设备、试剂等的准备)。借此出版机会,向这些师生表示衷心感谢!他们是:柏中中、李环、刘洋、张玲、张冠杰、是伟峰、芳云霞、庄立喆、徐晴、戴悦、王习霞、王浩绮、王桂兰、唐开华、曹慧君、夏荣慧。

谢宁昌

2006 年 7 月

— 2 —

目 录

实验一　血糖的定量测定
——Hagedorm-Jendon 定糖法

一、目的

掌握 Hagedorm-Jendon 微量滴定法测定血糖含量的原理和方法。

二、原理

血液中的糖主要是葡萄糖,其含量较稳定,如人或健康家兔的血糖水平为 $800\sim1\,200\;\mu g/mL$(即 $0.08\%\sim0.12\%$)。用硫酸锌和氢氧化钠除去被检血液中的蛋白质制成无蛋白血滤液。将血滤液与准确过量的标准铁氰化钾溶液共热时,一部分铁氰化钾还原成亚铁氰化钾,并与锌离子生成不溶性化合物。

向混合液中加入碘化物后,用硫代硫酸钠溶液滴定所释放的碘,即可知剩余的铁氰化钾量。血糖越多,剩余的铁氰化钾越少,所消耗的硫代硫酸钠也越少,根据硫代硫酸钠的消耗量,可通过查表或计算求得血糖含量。以上过程可用反应式表示如下。

1. 还原反应

$$K_3Fe(CN)_6 + 糖 \longrightarrow K_4Fe(CN)_6 + 糖的氧化产物$$

$$2K_4Fe(CN)_6 + 3ZnSO_4 \longrightarrow K_2Zn_3[Fe(CN)_6]_2 \downarrow + 3K_2SO_4$$

由于产生不溶性化合物,糖的还原反应进行得比较完全。

2. 用碘量法测定剩余的标准 $K_3Fe(CN)_6$ 溶液

$$2K_3Fe(CN)_6 + 2KI + 8CH_3COOH \longrightarrow 2H_4Fe(CN)_6 + I_2 + 8CH_3COOK$$

$$2Na_2S_2O_3 + I_2 \longrightarrow 2NaI + Na_2S_4O_6$$

三、实验器材

1. 取样器:参见图 1-1,北京青云卓立精密设备有限公司生产,5 mL、1 mL 各 1 支/组。

使用指南:接好套头(不漏气)→通过旋钮调节容量(如 500 表示 5 mL)→

用活塞浅挡吸液→用活塞深挡放液→换套头→继续使用。注意，平时取样器应挂在架子上，绝不可倒置，以免溶液倒流入枪体损坏仪器。请观看光盘中的视频《取样器的使用》。

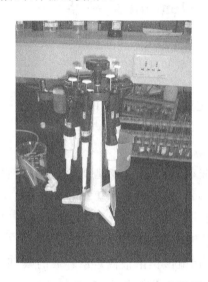

图 1-1 取样器及其操控部位

2. HH-2 型数显恒温水浴锅：参见图 1-2 和附录Ⅲ，常州国华电器有限公司生产，1 台/2 组。

操作指南：向水浴锅中注满自来水，盖好盖子，插上电源。先将"设定/测温"选择开关置于"设定"挡，调节"温度设定"旋钮使屏幕上的温度显示为

图 1-2 HH-2 型数显恒温水浴锅及其控制面板

所需的温度(本实验为 100℃),此时黄灯亮,表示仪器正在加热。然后将"设定/测温"选择开关置于"测温"挡,此时屏幕上的温度显示为实际水温,当实际水温达到设定的温度时,仪器会自动恒温,此时绿灯亮。在整个实验操作之前应该将恒温水浴锅的水温调节好。请观看光盘中的视频《恒温水浴锅的使用》。

3. 微量进样器(100 μL):1 支/组。

4. 试管:2 支/组。

5. 锥形瓶(100 mL):2 只/组。

6. 漏斗:2 只/组。

7. 滴定管:1 支/2 组。

8. 其他器材:洗瓶、滤纸、滴管、铁架台、固定夹等(见图 1-3)。

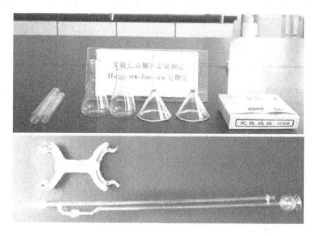

图 1-3　实验器材

四、实验试剂(图 1-4)

1. 0.45％硫酸锌溶液(新鲜配制)。

2. 0.1 mol/L 氢氧化钠溶液(新鲜配制)。

3. 0.005 mol/L 铁氰化钾碱性溶液:用分析天平称化学纯铁氰化钾 1.645 g,溶解后加入预先准备好的煅制无水碳酸钠 10.6 g,定容到 1 L。将溶液放在棕色瓶内,于阴暗处保存。

图 1-4　实验试剂

4. 氯-锌-碘溶液:取硫酸锌 50 g 及纯氯化钠 250 g,配制 1 L 溶液作为母液。根据所需的试剂量加入碘化钾,使碘化钾在混合液中的浓度为 25 g/L。

5. 0.005 mol/L 标准硫代硫酸钠溶液:临用时由 0.1 mol/L 标准硫代硫酸钠溶液稀释。

6. 3% 醋酸溶液(不应含铁)。

7. 1% 可溶性淀粉溶液:1 g 可溶性淀粉溶于 10 mL 沸水中,然后加入到 90 mL 饱和氯化钠溶液中,此溶液可作为大多数碘量法滴定的指示剂,可长期保存。

8. 人血清:从医院购买。

9. 0.10% 标准葡萄糖溶液。

五、操作

实验前将水浴锅加热至沸腾(即设置在 100℃),检查玻璃仪器是否洁净;若否,将其洗净。

1. 制备絮凝剂:取 2 支试管,编号,每一支用取样器加入 0.45% 硫酸锌 5 mL 及 0.1 mol/L 氢氧化钠溶液 1 mL,混匀,此时产生氢氧化锌胶状沉淀。

2. 加样:先用 10 mL 小烧杯盛少量蒸馏水,用微量进样器吸取蒸馏水洗涤其内腔,洗 3 次。再用该微量进样器将蒸馏水 100 μL 加入上述 1. 的一只装有絮凝剂的试管中(该管即为空白管),取样品溶液 100 μL 加入上述 1. 的另一只装有絮凝剂的试管中(该管即为样品管),加完后再次用蒸馏水清洗微量进样器。

3. 絮凝(无蛋白血滤液的制备):将 2 支试管同时放入盛有沸水的烧杯中,置于 100℃ 的恒温水浴锅中煮沸 4 min,然后用滤纸分别过滤到另外 2 只编号的锥形瓶中,用蒸馏水冲洗原来的试管 2 次,每次用水 3 mL 左右,并用此水冲洗滤渣。

4. 反应:用取样器向每只锥形瓶内精确地加入标准铁氰化钾碱性溶液 2 mL,放入沸水浴中煮沸 15 min(沸水浴操作同 3),参见图 1-5。

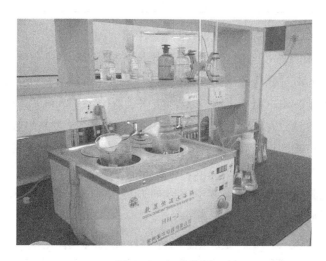

图 1-5　加热装置

5. 滴定:冷却至室温,向每支试管中依次加入氯-锌-碘溶液 3 mL 及 3％醋酸 2 mL,混匀,再加淀粉几滴,稍等片刻,便显蓝色。将微量滴定管先后用蒸馏水和标准硫代硫酸钠润洗,用洗耳球将标准硫代硫酸钠溶液吸入微量滴定管中,滴定至蓝色消失为止。记录所消耗的标准硫代硫酸钠毫升数,参见图 1-6。注意,对照滴定值大于样品滴定值。

以上操作请观看光盘中的视频《血糖的定量测定》。

6. 清洗所使用过的所有玻璃仪器和取样器套头,整理好桌面上的仪器和试剂,并注意清洁自己的操作台,请老师验收,实验报告当场交给老师。

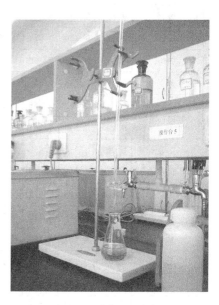

图 1-6　滴定装置图

六、计算

对照滴定值(mL)	样品滴定值(mL)	血糖含量(%)

本实验数据处理有三种方法,推荐使用第一种。

1. 查阅血糖浓度与硫代硫酸钠消耗量的换算表,参见表 1-1。该表列出了 0.005 mol/L 硫代硫酸钠溶液的用量(mL)和血糖含量(mg/mL)的换算关系。表中最左边纵行中的数字是滴定时消耗 0.005 mol/L 硫代硫酸钠溶液的毫升数的整数及小数后第一位,表中最上的横行代表其小数后第二位数字,表中交叉点的数字为 0.1 mL 血液中所含葡萄糖的毫克数,也就是 100 mL 血液中所含葡萄糖的克数。将样品滴定值和对照滴定值折合成糖值,两糖值之差就是 100 mL 血液中所含的血糖的克数。例如,两糖值之差为 0.100,表示血液中的血糖浓度为 0.1%。

表 1-1 血糖浓度与硫代硫酸钠消耗量换算表

滴定值(mL)	0.00	0.01	0.02	0.03	0.04	0.05	0.06	0.07	0.08	0.09
0.0	0.385	0.382	0.379	0.376	0.373	0.370	0.367	0.364	0.361	0.358
0.1	0.355	0.352	0.350	0.348	0.345	0.343	0.341	0.338	0.336	0.333
0.2	0.331	0.329	0.327	0.325	0.323	0.321	0.318	0.316	0.314	0.312
0.3	0.310	0.308	0.306	0.304	0.302	0.300	0.298	0.296	0.294	0.292
0.4	0.290	0.288	0.286	0.284	0.282	0.280	0.278	0.276	0.274	0.272
0.5	0.270	0.268	0.266	0.264	0.262	0.260	0.259	0.257	0.255	0.253
0.6	0.251	0.249	0.247	0.245	0.243	0.241	0.240	0.238	0.236	0.234
0.7	0.232	0.230	0.228	0.226	0.224	0.222	0.221	0.219	0.217	0.215
0.8	0.213	0.211	0.209	0.208	0.206	0.204	0.202	0.200	0.199	0.197
0.9	0.195	0.193	0.191	0.190	0.188	0.186	0.184	0.182	0.181	0.179
1.0	0.177	0.175	0.173	0.172	0.170	0.168	0.166	0.164	0.163	0.161
1.1	0.159	0.157	0.155	0.154	0.152	0.150	0.148	0.146	0.145	0.143
1.2	0.141	0.139	0.138	0.136	0.134	0.132	0.131	0.129	0.127	0.125
1.3	0.124	0.122	0.120	0.119	0.117	0.115	0.113	0.111	0.110	0.108
1.4	0.106	0.104	0.102	0.101	0.099	0.097	0.095	0.093	0.092	0.090

滴定值(mL)	0.00	0.01	0.02	0.03	0.04	0.05	0.06	0.07	0.08	0.09
1.5	0.088	0.086	0.084	0.083	0.081	0.079	0.077	0.075	0.074	0.072
1.6	0.070	0.068	0.066	0.065	0.063	0.061	0.059	0.057	0.056	0.054
1.7	0.052	0.050	0.048	0.047	0.045	0.043	0.041	0.039	0.038	0.036
1.8	0.034	0.032	0.031	0.029	0.027	0.025	0.024	0.022	0.020	0.019
1.9	0.017	0.015	0.014	0.012	0.010	0.008	0.007	0.005	0.003	0.002

2. 根据糖还原反应的化学方程式，推导计算公式，最终计算得到血糖含量。此法结果偏差较大。

$$血糖含量 = 0.004\,5x \times 100\%$$

其中 $x(\text{mL})$ 是样品滴定值与对照滴定值之差。注意，对照滴定值大于样品滴定值。

3. 以标准葡萄糖制作糖浓度标准曲线，并根据该曲线查取准确的血糖含量。该法适应性强，但制作糖浓度标准曲线比较繁琐。

七、注意事项

1. 在进行沸水加热时请戴上手套，避免烫伤。

2. 在用取样器取不同试剂时一定要更换塑料套头，避免交叉污染。

3. 在滴定时，务必用双手规范进行，震荡均匀，滴定速度要适当，特别在接近等当点时要半滴半滴缓慢进行。

思考题

1. 为什么试管和三角烧瓶要先放入盛有沸水的烧杯中，再置于 100 ℃ 的恒温水浴锅中煮沸加热？还有更好的方法吗？

2. 总糖的测定通常是以还原糖的测定方法为基础的，为什么？

3. 请根据反应方程式，写出血糖含量计算公式的推导过程。

4. 根据本实验数据，分别用查表法和公式法求出血糖含量，并比较两者的差异。

实验二　粗脂肪的提取和定量测定
——索氏提取法

一、目的

掌握用索氏提取法测定粗脂肪含量的原理及操作。熟悉质量分析的基本步骤。

二、原理

脂肪是丙三醇（甘油）和脂肪酸结合成的脂类化合物，能溶于脂溶性有机溶剂。

本实验利用脂肪能溶于脂溶性溶剂这一特性，用脂溶性溶剂将脂肪提取出来，借蒸发除去溶剂后称量。整个提取过程均在索氏提取器中进行，通常使用的脂溶性溶剂为乙醚，或沸点为 $30\sim60℃$ 的石油醚。用此法提取的脂溶性物质除脂肪外，还有游离脂肪酸、磷酸、固醇、芳香油及某些色素等，故称为"粗脂肪"。同时，样品中结合状态的脂类（主要是脂蛋白）不能直接提取出来，所以该法又称为游离脂类定量测定法。

索氏提取法测定脂肪最大的不足是耗时过长，如能将样品先回流 $1\sim2$ 次，然后浸泡在溶剂中过夜；次日再继续抽提，则可明显提高提取率。

三、样品的准备

称取样品的质量根据材料中脂肪的含量而定（参考表 2-1）。通常脂肪含量在 10％以下的，称取样品 $10\sim20$ g。脂肪含量为 50％～60％的，则称取样品 $2\sim4$ g。

表 2-1　几种干的植物种籽和种仁中油脂的百分含量

样　品	含油量（％）	样　品	含油量（％）
向日葵种籽	$23.5\sim45.0$	大豆种籽	$10.0\sim25.0$
向日葵种仁	$40.0\sim67.8$	油桐种仁	$47.8\sim68.9$
蓖麻种籽	$45.1\sim58.5$	玉米谷粒	$3.0\sim9.0$
蓖麻种仁	$50.7\sim72.0$	小麦谷粒	$1.6\sim2.6$

续　表

样　品	含油量（%）	样　品	含油量（%）
芝麻种籽	46.2～61.0	稻子谷粒	1.3～2.4
油菜种籽	41.1～42.9	豌豆种籽	0.7～1.9
花生种仁	40.2～60.7		

将样品在 80～100℃ 电热鼓风干燥箱内烘去水分，一般烘 4 h，烘干时要避免过热。样品颗粒不宜太大，一般要在研钵中研碎样品。样品若是液体，应将一定体积的样品滴在滤纸上，在 60～80℃ 电热鼓风干燥箱内烘干后，再进行实验。

四、实验器材

1. BS210S 型电子天平：参见图 2-1 以及附录Ⅲ，北京赛多利斯天平公司生产，公用。

操作指南：调整水平度，插上电源，启动"ON/OFF"开关，按一下回零挡"TARE"，使屏幕上显示 0.0000。推开玻璃门，轻轻将样品置于称量盘上，关上玻璃门，待屏幕上显示的数字稳定后记录下来，即为样品的质量（g）。注意，每次称量前都必须按一下回零挡"TARE"，使屏幕上显示 0.0000。称量室内尤其是称量盘上必须保持清洁、干燥；若有药品撒落，立即用软毛刷清理干净。请观看光盘中的视频《电子天平的使用》。

图 2-1　BS210S 型电子天平及其控制面板

2. HH-2 型数显恒温水浴锅：参见实验一，1 台/2 组。

3. 101C-3 型电热鼓风干燥箱：参见图 2-2 以及附录Ⅲ，上海市实验仪器总厂生产,公用。

图 2 - 2　101C - 3 型电热鼓风干燥箱及其控制面板

　　操作指南:插上电源插头,按下绿按钮(电源开关)和黄按钮(鼓风开关),将"设定/测量"按钮置于设定挡,调节"温度设定"旋钮,使显示器中的数字为所需的温度,再将"设定/测量"按钮置于测量挡,此时显示器中的数字表示烘箱内的实际温度。将加热旋钮(一共有 3 个)打到适当的挡位,烘箱开始加热。此时绿灯亮,当温度达到所设定值时,红灯亮,烘箱停止加热。以后烘箱会一直通过不断的加热-停止过程来保持恒温,红绿灯也会相应地交替闪亮。请注意,本实验由于设定温度为 120℃,故在取出被烘干物品时,请戴上手套。

　　4. 索氏提取仪:参见图 2 - 3,1 套/组。

　　索氏提取仪由冷凝管、抽提管和平底烧瓶三个部件组成,通过标准磨口相对接。

　　搭建装置:用铁架台、2 只十字夹、2 只龙爪、2 根乳胶管和 1 套索氏提取仪来搭建装置。注意按照由下而上的顺序来搭建,参见图 2 - 6~图 2 - 10。注意:用龙爪夹玻璃仪器时,要先用手找好感觉,不能太紧(否则会夹破)也不能太松(否则会打滑而导致索氏提取仪的标准磨口接口漏气)。请观看光盘中的视频《索氏提取仪的安装》。

　　5. 其他器材:不锈钢镊子、药勺、滤纸、铁架台、十字夹、龙爪、手套、乳胶管(图 2 - 4)。

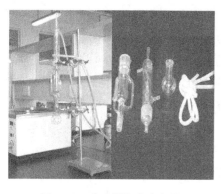

图 2-3　索氏提取仪各部件

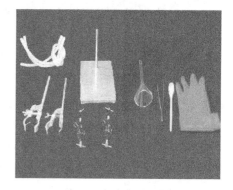

图 2-4　实验器材

五、实验试剂

1. 花生仁。
2. 石油醚：C.P.，沸程 30～60℃。

六、操作

准备工作：将恒温水浴锅的水温事先加热（80℃）。务必保证提取管和烧瓶内干燥、洁净；若否，将其洗净并置于干燥箱内 120℃烘干。

1. 折滤纸斗：参见图 2-5，取一张 ⌀11 cm 的滤纸，折成筒状，再将其一端折起来封死，便做成了滤纸斗。

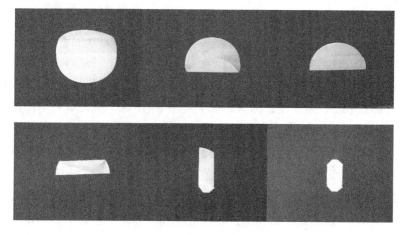

图 2-5　滤纸斗折叠示意图

2. 称样:先将数粒花生仁去皮,在碾钵中用碾锤彻底捣碎作为实验样品。将滤纸斗在电子天平上称重,然后用药勺取 2 勺(约 2 g)样品装入滤纸斗中,把滤纸斗的开口处折起来封死(防止样品泄出滤纸斗);调整滤纸斗的高度,使其放在抽提管中时略低于虹吸管的上弯头处。将装好样品的滤纸斗放在电子天平上称重,两质量之差即为样品的质量。

3. 提取:将索氏提取仪按照图 2-7~图 2-10 所示,从下至上安装。首先安装好烧瓶,并调整其高度,使其刚好能浸入水浴锅中的水中。将装置从水浴锅的水中取出,继续安装提取管,把装有样品的滤纸斗放入提取管内,向提取管中缓慢倒入石油醚直至液面达到虹吸管上弯头部,正好虹吸一次;再向提取管中倒入石油醚,使其液面达到第一次液面的一半。用乳胶管将冷凝管与自来水管相连,将冷凝管安装到提取管上,检查一下,确保所有接口均对接完好(不漏气,不打滑)。轻轻打开自来水(冷凝用),将索氏提取仪整个装置放入恒温水浴锅中加热提取(水温 80℃左右),请观看光盘中的视频《索氏提取仪的安装》。提取时间 2~4 h,约虹吸 20 次以上,记录每次虹吸所需的时间和虹吸次数。注意:若要将样品的粗脂提取完全,提取时间至少为12 h以上。由于实验时间的限制,提取率只能达到80%左右。

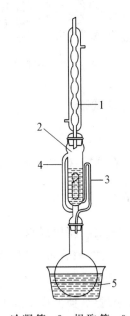

1—冷凝管;2—提取管;3—虹吸管;4—连接管;5—提取瓶

图 2-6 利用索氏提取仪的实验装置示意图

4. 回收石油醚:提取 2 h 后,从水浴锅中取出索氏提取仪装置,室温冷却至平底烧瓶中的石油醚停止沸腾。取下冷凝管,用镊子将提取管中的滤纸斗夹出。再装上冷凝管,将索氏提取仪装置重新放回水浴锅中加热回流,虹吸 3 次,以洗净提取管,然后,当石油醚在提取管中的液面即将达到虹吸管的上弯头处时,从水浴锅中取出索氏提取仪装置,室温冷却 5~10 min;取下平底烧瓶,将提取管的下端口插入回收瓶中,倾斜装置,提取管中的石油醚会虹吸而流入回收瓶中,达到回收的目的。再装上平底烧瓶,继续放入恒温水浴锅中加热直至冷凝管下端无石油醚滴下,表明平底烧瓶中的石油醚已经蒸干。注意:必须蒸干后才能放入干燥箱烘干,否则会引起火灾。取下平底烧瓶,回收提取管中的石油醚。

图 2-7　烧瓶的安装(注意高度)

图 2-8　提取管的安装

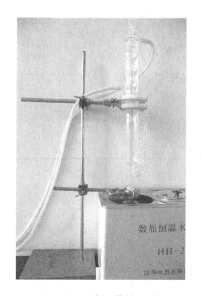

图 2-9　冷凝管的安装

图 2-10　水浴加热中的索氏提取仪

5. 称量粗脂质量:将平底烧瓶放入 120℃ 的电热鼓风干燥箱中烘 15 min,取出,冷却后称重(须戴手套,以免烫伤)。再将平底烧瓶用洗涤剂洗净,于 120℃ 的电热鼓风干燥箱中烘干(约 15 min),取出冷却后称重,两者的质量之差就是粗脂的质量。

以上操作请观看光盘中的视频《粗脂肪的提取和定量测定——索氏提取法》。

6.清洁:平底烧瓶、提取管和冷凝管都已在实验中清洗干净,不需要再用水清洗,保持干燥即可。整理好桌面上的仪器和试剂,并注意清洁自己的操作台,请老师验收,实验报告当场交给老师。

七、计算

样品粗脂的含量(%)＝(粗脂的质量/样品的质量)×100%

记录与计算汇总:

虹吸次数	1	2	3	4	5	6	7	8	9	10	……
虹吸时间(min)											

滤纸斗质量(g)	滤纸斗＋样品质量(g)	样品质量(g)	烧瓶＋粗脂质量(g)	烧瓶质量(g)	粗脂质量(g)	虹吸时间(min)	提取次数	样品中粗脂的含量(%)

八、注意事项

1. 石油醚为易燃有机溶剂,实验室应保持通风并禁止任何明火。

2. 测定用样品、提取仪、抽提用有机溶剂都需要进行脱水处理,抽提体系中有水,会使样品中的水溶性物质溶出,导致测定结果偏高。同时,抽提溶剂易被水饱和,从而影响抽提效率。样品中有水,抽提溶剂不易渗入细胞组织内部,不易将脂肪抽提干净。

3. 试样粗细度要适宜。试样粉末过粗,脂肪不易抽提干净;试样粉末过细,则有可能透过滤纸孔隙随回流溶剂流失,影响测定结果。

4. 索氏提取仪各部件的接口切勿涂抹凡士林,以免引起较大的正误差。

思考题

1. 写出五种良好的脂肪溶剂。

2. 如果在提取过程（而不是回收过程）中很长时间都没有虹吸一次，而且冷凝管已没有液滴滴下，这是什么原因造成的？应该怎么解决？

3. 为什么说索氏提取仪各部件的接口涂抹了凡士林后会引起较大的正误差？

实验三 氨基酸的分离鉴定——纸层析法

一、目的

掌握氨基酸纸层析的方法和原理,学会分析待测样品的氨基酸成分。

二、原理

纸层析是以滤纸为惰性支持物的分配层析。滤纸纤维上的羟基具有亲水性,吸附一层水作为固定相,有机溶剂为流动相。当有机相流经固定相时,物质在两相间不断分配而得到分离。

溶质在滤纸上的移动速度用 R_f 值表示:

$$R_f = 原点到层析斑点中心的距离 / 原点到溶剂前沿的距离$$

在一定的条件下某种物质的 R_f 值是常数。R_f 值的大小与物质的结构、性质、溶剂系统、层析滤纸的质量和层析温度等因素有关。本实验利用纸层析法分离氨基酸。

三、实验器材(图 3-1)

图 3-1 实验器材

1. 大烧杯(5 000 mL):1 只/组。

2. 微量进样器(100 μL):1 支/组。

3. 喷雾器:公用。

4. 培养皿:1 个/组。

5. 层析滤纸(长 22 cm、宽 14 cm 的新华一号滤纸):1 张/组。

6. 直尺、铅笔:自备。

7. 电吹风:1 个/组。

8. 托盘、针、白线:1 套/组。

9. 手套:1 双/组。

10. 塑料薄膜:公用。

11. 小烧杯:50 mL,1 只/组。

四、实验试剂(图 3－2)

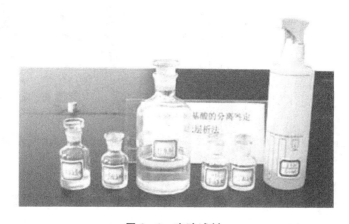

图 3－2 实验试剂

1. 扩展剂:将 4 体积正丁醇和 1 体积冰醋酸放入分液漏斗中,与 5 体积水混合,充分振荡,静置后分层,弃去下层水层。

2. 氨基酸溶液:0.5%的已知氨基酸溶液 3 种(赖氨酸、苯丙氨酸、缬氨酸),0.5%的待测氨基酸溶液 1 种。

3. 显色剂:0.1%水合茚三酮正丁醇溶液。

五、操作

检查培养皿是否干燥、洁净;若否,将其洗净并置于干燥箱内 120℃烘干。

　　1. 平衡：剪一大块塑料薄膜铺在桌面上，将层析缸或大烧杯倒置于塑料薄膜上，再把盛有约 20 mL 扩展剂溶液的小烧杯置于倒置的层析缸或大烧杯中，用塑料薄膜密封起来，平衡 20 min。

　　2. 规划：参见图 3-3，带上手套，取宽约 14 cm、高约 22 cm 的层析滤纸一张。以距滤纸下边缘 2 cm 和左边缘 1 cm 处为坐标原点用铅笔建立坐标系，在 x 轴的 2 cm、4 cm、6 cm、8 cm 处做 4 个记号，这就是点样原点的位置。在 y 轴上标好刻度，准确到 1 cm。

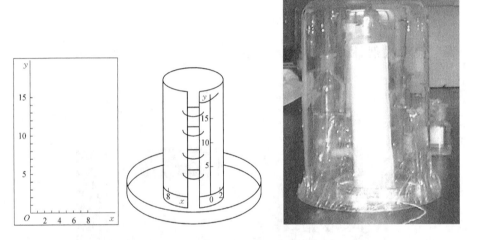

图 3-3　实验装置示意图

　　3. 点样：用微量进样器分别取 10 μL 左右的氨基酸样品（每取一个样之前都要用蒸馏水洗涤微量进样器，以免交叉污染），点在这四个位置上。挤一滴点一次，同一位置上需点 2～3 次，2～3 μL/次。每点完一点，立刻用电吹风热风吹干后再点，以保证每点在纸上扩散的直径最大不超过 3 mm。每人须点 4 个样，其中 3 个是已知样，1 个是待测样品。

　　4. 层析：用针、线将滤纸缝成筒状，纸的两侧边缘不能接触且要保持平行，参见图 3-3。向培养皿中加入扩展剂，使其液面高度达到 1 cm 左右，将点好样的滤纸筒直立于培养皿中（点样的一端在下，扩展剂的液面在 A 线下约 1 cm），罩上大烧杯，仍用塑料薄膜密封。当扩展剂上升到 A 线时开始计时，每隔一定时间测定一下扩展剂上升的高度，填入表 3-1 中。当上升到 15～18 cm 时，取出滤纸，剪断连线，立即用铅笔描出溶剂前沿线，迅速到通风橱用电吹风热风吹干。

　　5. 显色:用喷雾器在通风橱中向滤纸上均匀喷上 0.1% 茚三酮正丁醇溶液,然后立即用热风吹干,即可显出各层析斑点,参见图 3-4。

　　以上操作请观看光盘中的视频《氨基酸的分离鉴定——纸层析法》。

　　6. 计算各种氨基酸的 R_f 值,并判断混合样品中都有哪些氨基酸,各人将自己的实验结果贴在实验报告上,见表 3-2。

　　7. 以层析时间为横坐标,扩展剂上升高度为纵坐标画图,求出扩展剂上升到 18 cm 时所需要的时间。

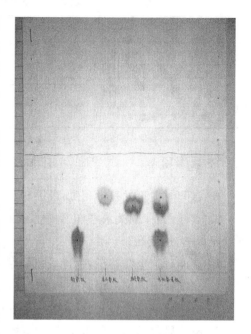

图 3-4　纸层析结果

　　8. 将微量进样器内外用蒸馏水清洗干净,倒掉用过的扩展剂液和平衡液,将培养皿洗净,整理好桌面上的仪器和试剂,并注意清洁自己的操作台,请老师验收,实验报告当场交给老师。

六、计算

R_f = 原点到层析斑点中心的距离/原点到溶剂前沿的距离

记录与计算汇总:

表 3-1　扩展剂前沿上升速度

X(min)	0	5	10	15	20	30	40	60	90	……	
Y(cm)	0										18

表 3－2　纸层析结果

	赖氨酸	苯丙氨酸	缬氨酸	待测氨基酸
原点到层析斑点中心的距离				
原点到溶剂前沿的距离				
R_f				
判断待测氨基酸				

七、注意事项

1. 在整个实验过程中，必须带手套，不能用手接触滤纸。

2. 点样之前，从微量进样器中挤出液滴时，要移到滤纸范围以外，避免溅到滤纸上，造成污染。

3. 点样时应坐姿端正，手臂手腕紧靠桌面，以保持稳定性。

4. 滤纸标记必须使用铅笔而不能使用圆珠笔等油性笔。

5. 使用微量进样器时，注意针头的朝向，切勿伤及自己和他人。

6. 电吹风使用后切勿压在其电源线上，以免烫化胶皮引起短路。

7. 在缝滤纸筒时要避免纸的边缘完全接触，要保持滤纸两个边缘平行。

思考题

1. 用手直接接触滤纸会引起什么不良后果，为什么？

2. 请查阅什么是"踏板理论"，并用其解释纸层析分离氨基酸的原理。

3. 为避免实验结果出现"拖尾"现象，实验操作中应注意哪些环节？

4. 标记滤纸时不能使用油性笔，为什么？

实验四　血清蛋白的醋酸纤维薄膜电泳

一、目的

掌握醋酸纤维薄膜电泳的操作,了解电泳技术的一般原理。

二、原理

醋酸纤维薄膜电泳是用醋酸纤维薄膜作为支持物的电泳方法。醋酸纤维薄膜由二乙酸纤维素制成,它具有均一的泡沫样的结构,厚度仅 $120~\mu m$,有强渗透性,对分子移动无阻力,作为区带电泳的支持物进行蛋白电泳有简便、快速、样品用量少、应用范围广、分离清晰和没有吸附现象等优点。目前已广泛应用于血清蛋白、脂蛋白、血红蛋白、糖蛋白和同功酶的分离以及免疫电泳。

三、实验器材

1. 醋酸纤维薄膜(2 cm×8 cm):2 片/人。

2. DYY-Ⅲ2 型常压电泳仪:北京市六一仪器厂生产,1 套/2 组。

操作指南:电泳仪由电泳槽和稳压电源两部分组成,参见图 4-1。两者之间有专门的连线连接。电泳槽有两个互相隔离的槽,各自装有缓冲液,接不同的电极,红色为正极,黑色为负极。每个槽上都有一根可移动的横杆,滤纸或纱布的一头搭在横杆上,另一头浸入缓冲液中,形成了滤纸桥。两杆之间的距离调节到略小于醋酸纤维薄膜的长度,点好样的醋酸纤维薄膜就搭在滤纸桥上,参见图 4-6 和图 4-7。稳压电源用于调节电压和通电时间。当电泳槽和稳压电源连接好后,将点好样的醋酸纤维薄膜搭在滤纸桥上,盖上盖子,通电,调整好电压,进行电泳。注意电泳槽的电极方向,负极应与醋酸纤维薄膜上的点样原点在同一侧。请观看光盘中的视频《薄膜电泳仪的使用》。

目前,该电泳仪已改进为数显式的 DYY-6C 型,请参见附录Ⅲ。

3. 培养皿:一排桌子(即 4 组)公用 5 套,包括平衡、染色各用一套,漂洗用3套。

    4. 点样器:一支/组。

    5. 滤纸:公用。

    6. 玻璃板:一块/组。

    7. 镊子:一个/组。

    8. 玻棒:公用。

图 4－2 实验器材

图 4－1 电泳槽、DYY－Ⅲ2 型常压
电泳仪及其控制面板

图 4－3 实验试剂

四、实验试剂(图 4－3)

    1. 巴比妥缓冲液(pH8.6,离子强度 0.07):巴比妥 2.76 g,巴比妥钠 15.45 g,用蒸馏水定容至 1 000 mL。

    2. 染色液:氨基黑 10B 0.25 g,用甲醇 50 mL、冰醋酸 10 mL、水 40 mL 溶解(可重复使用)。

    3. 漂洗液:甲醇或乙醇 45 mL,冰醋酸 5 mL,水 50 mL,混匀。

    4. 人或动物血清。从医院获得或自制,冰冻保存,现取现用。

五、操作

准备工作:按实验器材 2 所述,安装好电泳槽,在电泳槽内加入缓冲液,连接常压电泳仪,熟悉常压电泳仪的操作。检查培养皿是否干燥、洁净;若否,将其洗净并置于干燥箱内 120℃烘干。

1. 平衡:用镊子取醋酸纤维薄膜 2 张,识别出光泽面与粗糙面,将粗糙面朝上放在电泳槽中的缓冲液中浸泡 20 min。

2. 点样:事先用点样器在滤纸上点几个样,熟悉一下点样器的用法。然后把膜条从缓冲液中取出,以粗糙面朝上平铺在玻璃板上。在膜条上覆盖一张滤纸,用手指快速捋一下,以吸干膜表面多余的液体,随即取下滤纸。注意,切勿将滤纸长时间放在膜条上,以免膜条中的缓冲液过度吸出。用玻棒蘸一点血清,再将点样器蘸一下玻棒,参见图 4-5,血清就会均匀地分布在点样器的狭缝中。将点样器在膜条一端 2～3 cm 处轻轻地垂直落下并随即提起,这样即在膜条上点上了细条状的血清样品,每张膜点一个样,请参见图 4-4。

塑料片

狭缝

点样器

+ 　 −

醋酸纤维薄膜

样品

图 4-4　点样器和点样示意图

3. 电泳:在电泳槽内加入缓冲液,使两个电极槽内的液面等高,做好滤纸桥(滤纸桥的制作如下,先剪裁尺寸合适的滤纸,对折一下,一头晾在横杆上,另一头浸入缓冲液中,调节横杆之间的距离到略小于醋酸纤维薄膜的长度即可)。用镊子将膜条平悬于电泳槽支架的滤纸桥上,膜条垂直于横杆,并且要绷直,参见图 4-6 和图 4-7,膜条上点样的一端靠近负极。当 4 片醋酸纤维薄膜都放好后,盖严电泳室,检查一下电泳槽和稳压电源是否已经连接好。通电,调节电压至 160 V,此时的电流强度为 0.4～0.7 mA/cm,电泳时间约为 40 min。

图 4-5　点样器的使用

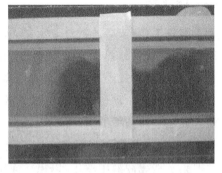

图 4-6　膜条的放置

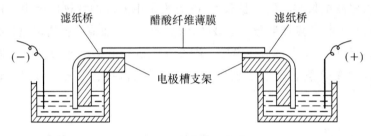

图 4-7　电泳槽示意图

以下 4、5 两步的操作，请相邻四个组的同学们（即在同一排桌子上进行实验的同学）集中在一起做。

4. 染色：电泳完毕后，关上电源开关，用镊子将薄膜条取下并放在装有染色液的培养皿中浸泡 10 min（注意盖好培养皿的盖子，以免溶剂挥发）。

5. 漂洗：将膜条从染色液中取出，在培养皿的边缘上沥去表面多余的染色液，依次放入装有漂洗液的培养皿（共有 3 套）中漂洗 3 次（未漂洗时注意盖好培养皿的盖子，以免溶剂挥发），至无蛋白区底色脱净为止，可得色带清晰的电泳图谱，参见图 4-8。

以上操作请观看光盘中的视频《血清蛋白醋酸纤维薄膜电泳》。

实验结束，将染色液回收，漂洗液倒掉，培养皿清洗干净，倒置于桌面上，整理好桌面上的仪器和试剂，并注意清洁自己的操作台，请老师验收。交实验报告时请将自己的实验结果贴在上面（只贴一端，否则因膜变形而拉断）。实验报告当场交给老师。

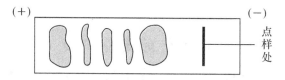

醋酸纤维薄膜血清蛋白电泳图谱

从左至右,依次为:血清蛋白　α_1-球蛋白　α_2-球蛋白　β-球蛋白　γ-球蛋白

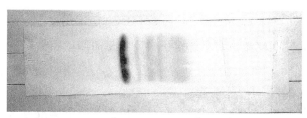

图 4 - 8　电泳结果

如果需要定量测定,可以将膜条用滤纸压平吸干,按区带分段剪开,分别浸在 0.4 mol/L 氢氧化钠溶液中,并剪取相同大小的无色带膜条作空白对照,进行比色。或者将干燥的电泳图谱膜条放入透明液中浸泡 2～3 min 后取出贴于洁净玻璃板上,干后即为透明的薄膜图谱,用光密度计直接测定。

六、注意事项

1. 醋酸纤维薄膜平衡后,在吸去表面余液时,一定要避免过度吸干;否则,电泳区带将分辨不清。

2. 每次电泳前,电泳槽两边的缓冲液应等量,缓冲液可以连续使用数次,但每次做电泳时,正负极要更换,或将缓冲液重新混合后再装槽,以保持缓冲液的 pH 不变。

3. 在电泳过程中,电泳槽一定要加盖密闭;电泳完毕,要先断开电源,再取出薄膜,以免触电。

思考题

1. 为什么要将点样一端放在电泳槽的负极?

2. 电泳时电压表显示的电压是否等于加在膜条两端的实际电压,为什么?

3. 根据人血清中蛋白各组分的等电点,估计它们在 pH8.6 的巴比妥-巴比妥钠电极缓冲液中电泳移动的相对位置。

实验五 蛋白质的定量测定
——微量克氏(Kjeldahl)定氮法

一、目的

掌握微量克氏定氮法定量测定蛋白质含量的原理和操作技术。

二、原理

天然含氮有机化合物(如蛋白质)与浓硫酸共热分解成氨,氨与硫酸反应生成硫酸铵。在克氏定氮仪中加入强碱碱化消化液,使硫酸铵分解出氨。用水蒸气蒸馏法将氨蒸入无机酸溶液中,然后再用标准酸溶液进行滴定,滴定所用无机酸的量(mol)相当于被测样品中氨的量(mol),根据所测得的氨量即可计算样品的含氮量。

因为蛋白质含氮量通常在16%左右,所以将克氏定氮法测得的含氮量乘上系数6.25,便得到该样品的蛋白质含量。

整个反应过程可分为消化、蒸馏及滴定三个步骤。

样品与浓硫酸共热时,分解出氮、二氧化碳和水,氮转变出的氨,进一步与硫酸作用生成硫酸铵,此过程通常称之为"消化"。

但是,这个反应进行得比较缓慢,通常需要加入硫酸钾或硫酸钠以提高反应液的沸点,并加入硫酸铜作为催化剂,以加快反应速度。以甘氨酸为例,其消化过程可表示如下:

$$CH_2NH_2COOH + 3H_2SO_4 \longrightarrow 2CO_2 + 3SO_2 + 4H_2O + NH_3 \qquad (1)$$

$$2NH_3 + H_2SO_4 \longrightarrow (NH_4)_2SO_4 \qquad (2)$$

$$(NH_4)_2SO_4 + 2NaOH \longrightarrow 2H_2O + Na_2SO_4 + 2NH_3 \qquad (3)$$

反应(1)、(2)在克氏定氮烧瓶中完成,反应(3)在克氏定氮仪内进行。

浓碱可使消化液中的硫酸铵分解,游离出氨。借水蒸气将产生的氨蒸馏到定量、定浓度的硼酸溶液中,氨与溶液中的氢离子结合生成铵离子,使溶液中氢离子浓度降低。然后用标准无机酸滴定至原来氢离子浓度为止。最后根据所用标准酸的摩尔数计算出待测物中的总氮量。

三、实验器材

1. 微量克氏定氮仪:参见图 5 - 1,1 套/组。

图 5 - 1　实验器材

2. 克氏定氮烧瓶:2 只/组。

3. 取样器:请参见实验一,5 mL、1 mL 各 1 支/组。

4. 电炉:公用。

5. 微量滴定管(5 mL):1 支/2 组。

6. 酒精灯:1 只/组。

7. 锥形瓶(100 mL):4 只/组。

8. 铁架台、十字夹、龙爪、打火机、表面皿、吸管、量筒等。

四、实验试剂(图 5 - 2)

图 5 - 2　实验试剂

1. 1%卵清蛋白溶液:1 g 卵清蛋白溶于 0.9%NaCl 溶液(生理盐水),并稀释至 100 mL,如有不溶物,离心取上清液备用。

2. 浓硫酸(A.R.)。

3. 硫酸钾——硫酸铜混合物:硫酸钾 3 份与硫酸铜 1 份(质量分数)混合,研磨成粉末,混匀。

4. 40%氢氧化钠溶液:40 g 氢氧化钠溶于蒸馏水,稀释至 100 mL。

5. 2%硼酸溶液:2 g 硼酸溶于蒸馏水,稀释至 100 mL。

6. 混合指示剂:0.1%甲基红酒精溶液和 0.1%甲稀蓝(亚甲基蓝)酒精溶液按 4:1 比例(v/v)混合。

7. 0.01 mol/L 标准盐酸溶液:用恒沸盐酸准确稀释。

五、样品处理

固体样品中的含氮量用 100 g 该物质(干重)中所含氮的克数来表示(%)。因此在定氮前应先将固体样品中的水分除掉。

在称量瓶中放入一定量磨细的样品,然后置于 105℃的电热鼓风干燥箱内干燥 4 h。用坩埚钳将称量瓶放入干燥器内,待降至室温后称重,按上述操作继续烘干样品。每干燥 1 h 后,称重一次,直到两次称量数值不变,即达恒重。

若样品为液体(如血清等),可取一定体积样品直接消化测定。

六、操作

1. 消化:将两只 50 mL 的克氏定氮烧瓶编号(在烧瓶口附近),一只烧瓶内加 1.0 mL 蒸馏水,作为空白;另一只烧瓶内加入 1.0 mL 样液(卵清蛋白液)。然后用取样器各加浓硫酸 2 mL(取浓硫酸时勿溅到衣物和皮肤上,也不要洒到实验桌上),用药勺加硫酸钾-硫酸铜混合物约 20 mg(不必称重,一点点即可),所有试剂要尽量加到克氏定氮烧瓶的底部。烧瓶口插上小漏斗(作冷凝用),烧瓶置通风橱内的电炉上加热消化,参见图 5-3,注意先启动抽风机。消化时间为 2~4 h,消化完毕后,停止加热,戴上厚的棉手套,将克氏定氮烧瓶取出,放入大烧杯中冷却至室温。在消化的同时可以进行下面的工作。

2. 蒸馏:取 100 mL 锥形瓶 3 个,洗涤干净,用取样器各加入 2%硼酸溶液 5.0 mL,加入几滴指示剂,溶液显紫色,用表面皿盖好备用。如锥形瓶内液体呈绿色,需重新洗涤。

安装好微量克氏定氮仪。微量克氏定氮仪实际上是一套蒸馏装置,参见图5-4和图5-5,注意保证每个夹子夹紧而不漏气,保证加样口的小漏斗口朝上并斜靠在定氮仪上(可以通过调整其下方夹子的方位来实现)。

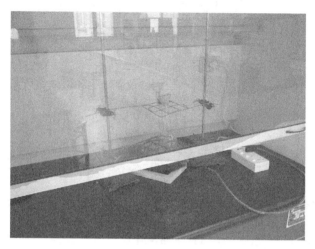

图5-3　消化装置

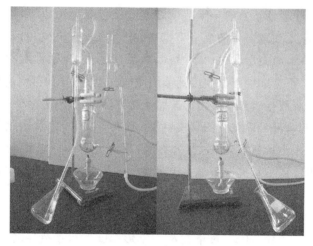

图5-4　改良式微量克氏定氮仪的安装

(1) 蒸馏瓶的洗涤

参见图5-5,将自来水由⑤经⑦注入到蒸馏瓶夹层②(即蒸汽发生室)中,使水面达到蒸馏瓶颈部的转弯处。把装有蒸馏水的锥形瓶⑨置于冷凝器

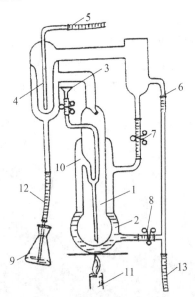

1—反应室；2—蒸汽发生室；3—加样口；4—冷凝器；5—自来水入口；6—冷凝水出口；7—蒸汽发生室加水口；8—废液排出口；9—锥形瓶；10—出样口；11—酒精灯；12—出样导管；13—排液导管

图 5-5　改良式微量克氏定氮仪各部示意图

④下方,并将冷凝器下方的导管⑫下端插入锥形瓶液面以下,再将少量蒸馏水由漏斗③注入到蒸馏瓶的反应室①中,把所有夹子夹紧,打开冷凝水。用酒精灯⑪将蒸馏瓶夹层②内的水煮沸,然后移去火源,锥形瓶⑨中的蒸馏水就会从冷凝器下方的导管⑫倒流到蒸馏瓶的反应室①内,再倒流至蒸馏瓶的夹层②中,由废液排出口⑧排出。按照上述方法将仪器洗涤 2~3 次。最后,反应室①中的余液可以按下法清空:把所有夹子夹紧,将蒸馏瓶夹层②内的水煮沸,先移去锥形瓶⑨,然后移去火源,反应室①中余液将倒流至夹层②中,由⑧排出。以后每次在做下一次蒸馏之前都要先将蒸馏瓶洗涤 2~3 次,并将反应室①清空。

(2) 空白和样品的蒸馏

把装有 5.0 mL 的 2% 硼酸溶液的锥形瓶⑨置于冷凝器的下方,将冷凝器下方的导管⑫下端插入液面以下,锥形瓶内须事先加入指示剂(注意此时的颜色,它将是后面滴定终点的颜色)。先将克氏烧瓶中消化好了的空白消化液由小漏斗③注入到蒸馏瓶的反应室①中,用蒸馏水洗涤克氏烧瓶 2 次(每次约 2 mL),洗涤液皆由漏斗③注入反应室①。用取样器取 40% 氢氧化钠溶液 10 mL，加入小烧杯中，缓缓注入小漏斗③（小漏斗必须始终保持口朝上的状态），放松夹子，使其缓缓流入反应室①。当小漏斗内仍有少量 NaOH 溶液时，立即夹紧夹子（以上操作勿将 NaOH 溶液溅到衣物和皮肤上，也不要洒到实验桌上）。再加约 3 mL 蒸馏水于小漏斗内，同样缓缓放入反应室，并留少量水在漏斗内作水封。把所有夹子夹紧，打开冷凝水，开始用酒精灯加热，将蒸馏瓶夹层②内的水煮沸。注意，在样品蒸馏的整个过程中，要保持火苗的稳定，严禁中途移去火源，以防倒吸。从蒸馏瓶内的水溶液沸腾开始计算时间，大约 10 min 即可蒸馏完毕。将导管⑫的下端抽出液面，继续蒸馏 1 min，使导管内的余液落回锥形瓶⑨中，移开锥形瓶，用表面皿盖好等待滴定。移去火源，反应室①中的残液将会倒流至夹层②中，由⑧排出。将蒸馏瓶洗涤 2～3 次，并将反应室①清空，按空白蒸馏的方法进行样品蒸馏。

3. 滴定：参见图 5-6，将微量滴定管先后用蒸馏水和 0.01 mol/L 的 HCl 溶液润洗，用洗耳球将 0.01 mol/L 的 HCl 溶液吸入微量滴定管中，滴定锥形瓶中的硼酸液至呈淡葡萄紫色（也就是前面加了指示剂后的标准硼酸溶液的颜色）。记录所耗 HCl 溶液毫升数。

以上操作请观看光盘中的视频《微量克氏定氮法》。

4. 再次将蒸馏瓶洗涤干净，拆卸克氏定氮仪装置，清洗所使用过的所有玻璃仪器，清洗取样器套头，整理好桌面上的仪器和试剂，并注意清洁自己的操作台，请老师验收，实验报告当场交给老师。

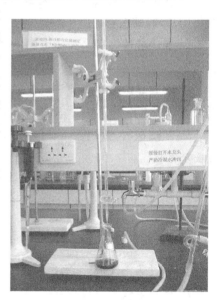

图 5-6 滴定装置

七、计算

$$样品含氮量(\%) = 0.014 \times (A - B) \times 100\%$$

A——滴定样品用去的 HCl 溶液毫升数；

B——滴定空白用去的 HCl 溶液毫升数。

$$样品中蛋白质含量(\%) = 样品含氮量(\%)/0.16$$

记录与计算汇总

A(mL)	B(mL)	含氮量(%)	蛋白质含量(%)

八、注意事项

1. 使用浓酸、浓碱必须小心操作,防止溅洒。若不慎将试剂溅到实验台或地面上,必须及时用湿抹布擦洗干净。如果触及皮肤应立即用水冲洗或送医院治疗。

2. 在消化时必须开启通风厨,防止二氧化硫等有害气体在实验室中扩散,对人体造成伤害。

3. 在安装改良微量克氏定氮仪时,要仔细检查各连接部位,保证夹子夹紧而不漏气。

4. 在安装改良微量克氏定氮仪时,要使进样小漏斗的开口保持向上,避免浓碱洒到桌面上。

5. 在蒸馏时,蒸汽发生室内的水不能加得过少,否则很易烧干进而烧裂克氏定氮仪。

思考题

1. 通过化学反应式,写出样品中含氮之计算公式的推导过程。

2. 注意观察消化过程,解释消化过程中消化液颜色变化的原因。

3. 硫酸钾-硫酸铜混合物的作用是什么? 30%氢氧化钠溶液的作用是什么? 3%硼酸溶液的作用又是什么?

4. 在样品蒸馏时,克氏定氮烧瓶中常常出现深色的混浊物,请推测它的成分。

实验六　蛋白质的浓度测定——Bradford 法

一、目的

掌握 Bradford 法测定蛋白质浓度的原理和操作技术。

二、原理

考马斯亮蓝法又称 Bradford 法,它是根据蛋白质与染料相结合的原理设计的。这是一种迅速、可靠的通过染色法测定溶液中蛋白质浓度的方法。尽管相对于其他方法来说,此法的干扰物质较少,但由于每种蛋白与该染料的结合能力不尽相同,故标准品的选择非常重要,选择尽可能与待测蛋白一致的样品做标准,能最大限度地提高该方法的准确性。Bio - Rad 公司的蛋白质定量检测试剂盒即以此法为依据。

考马斯亮蓝 G250 有红、蓝两种不同颜色的形式。在一定浓度的乙醇及酸性条件下,可配成淡红色的溶液,当与蛋白质结合后,产生蓝色化合物,反应迅速而稳定。经研究认为,染料主要是与蛋白质中的碱性氨基酸(特别是精氨酸)和芳香族氨基酸残基相结合。反应化合物在 595 nm 处有最大光吸收,化合物颜色的深浅在一定范围内与蛋白质浓度成正比,因此可通过测定 595 nm 处的光吸收值来计算蛋白的含量。

Bradford 法的突出优点是:

(1) 灵敏度高。据估计比 Lowry 法(Folin - 酚试剂法)约高 4 倍,其最低蛋白质检测量可达 1 mg。这是因为蛋白质与染料结合后产生的颜色变化很大,蛋白质-染料复合物有更高的消光系数,因而光吸收值随蛋白质浓度的变化比 Lowry 法要大得多。

(2) 测定快速、简便,只需加一种试剂。完成一个样品的测定,只需要 5 min 左右。由于染料与蛋白质结合的过程大约 2 min 即可完成,其颜色可以在 1 h 内保持稳定,且在 5～20 min 之间,颜色的稳定性最好,因而完全不用像 Lowry 法那样费时和严格地控制时间。

(3) 干扰物质少。如干扰 Lowry 法的 K^+、Na^+、Mg^{2+} 离子,Tris 缓冲

液,蔗糖、甘油、巯基乙醇、EDTA 等均不干扰此测定法。

Bradford 法的缺点是:

(1) 由于各种蛋白质中的精氨酸和芳香族氨基酸的含量不同,因此 Bradford 法用于不同蛋白质测定时有较大的偏差,在制作标准曲线时通常选用 g-球蛋白为标准蛋白质,以减少这方面的偏差。

(2) 仍有一些物质干扰此法的测定。主要的干扰物质有:去污剂 Triton X-100、十二烷基磺酸钠(SDS)和 0.1 mol/L 的 NaOH(如同0.1 mol/L的酸干扰 Lowary 法一样)。

(3) 标准曲线也有轻微的非线性,因而不能用 Beer 定律进行计算,而只能用标准曲线来测定待测蛋白质的浓度。

三、实验器材

1. VIS-7220 型可见分光光度计:参见图 6-1 以及附录Ⅲ,北京瑞利分析仪器公司生产,公用。

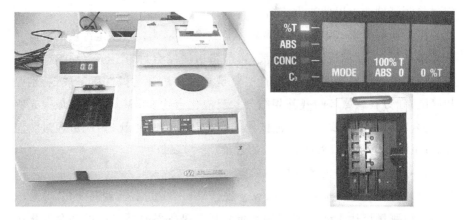

图 6-1　VIS-7220 型可见分光光度计及其控制面板、样品室和样品池

操作指南:插上电源插头,打开仪器右侧面下方的电源开关,调节"波长调节旋钮"使波长显示窗中的数字为所需的波长(本实验为 595 nm),推开比色室的盖子。将空白和样品溶液分别倒入比色皿中(倒入之前先用少量蒸馏水,再用少量待测溶液各润洗比色皿一次),用卫生纸擦去比色皿表面的余液,然后将比色皿插入比色室里的卡座中。拉动卡座拉杆,将空白液的比色皿置于光路中,按一下"MODE"键,使"％T"的指示灯亮,在比色室的盖子打开的状态下按一下"0％T"键,使显示窗中的数字为0.0。关闭比色室的盖子,按一下"100％T ABS 0"键,使显示窗中的数字为100.0。这样,仪器就调整好了。再按一下"MODE"键,使"ABS"指示灯亮,按一下"100％T ABS 0"键,使显示窗中的数字为0.000。拉动卡座拉杆,将样品液的比色皿置于光路中。此时,显示窗中的数字即为样品的吸光度。按一下"PRINT"键,将测定结果打印出来。注意,每次测定下一个样品之前都需要用空白重新调校"0％T"和"100％T"。测定完后,将比色皿中的溶液倒入原试管中(以备测错了重测),先用自来水将比色皿内外冲洗干净,再用洗瓶冲洗比色皿的内外表面1次,将其粗糙面朝下斜靠在培养皿中。注意保持分光光度计的比色室内始终干燥干净,严禁将溶液洒落比色室。不测定时,请将比色室的盖子打开。另外,最近出了一种改进型的VIS-7220型可见分光光度计,在调整"0％T"时需要关闭比色室的盖子,将比色皿卡座最前端的挡板置于光路中,按"0％T"键可将"T"调为0％。请观看光盘中的视频《可见分光光度计的使用》。

关于比色皿:比色皿的前后有2个光滑面,是用来对准光路的;左右有2个粗糙面,手只能拿比色皿的粗糙面,不能接触光滑面。比色皿内部的清洗只能用蒸馏水润洗(用洗瓶),不可用卫生纸或其他物品捅进去擦洗。比色皿的2个光滑面一定要保持清洁,如发现有指纹或残液,须用卫生纸轻轻擦拭干净。比色皿是成套发放的,严禁混用。本实验使用的是玻璃比色皿,一套4只。使用完毕后先用95％乙醇润洗干净,再用自来水内外冲洗干净,最后用洗瓶冲洗,将其粗糙面朝下斜靠在培养皿中,参见图6-2。

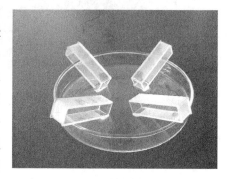

图6-2 比色皿

2. 旋涡混合器:参见图6-3,1台/组。

3. 试管及试管架:10支/组。

4. 取样器(5 mL)及其架子:参见实验一,1套/组。

5. 微量进样器(100 μL):1支/组(图6-4)。

图 6 - 3　旋涡混合器

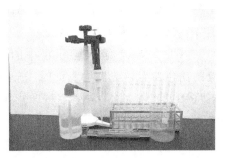

图 6 - 4　实验器材

四、实验试剂(图 6 - 5)

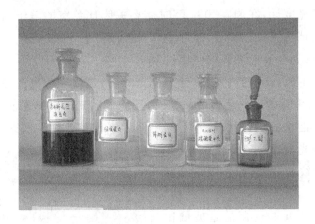

图 6 - 5　实验试剂

1. 标准蛋白质溶液:用牛血清白蛋白(BSA)作为标准蛋白。称取 BSA 50 mg,以 0.015 mol/L 的 PBS 溶液 50 mL 溶解,配制成 1.0 mg/mL 的标准蛋白质溶液,4℃存放。

2. 考马斯亮蓝 G250 染料试剂:称100 mg考马斯亮蓝 G250,溶于 50 mL 95%的乙醇后,再加入 120 mL 85%的磷酸,用水稀释至 1 L。

五、操作

检查试管是否干燥、洁净;若否,将其洗净并置于干燥箱内 120℃烘干。

1. 标准曲线的制作

取普通清洁试管 7 支,标号,1 号管为空白,2~7 号管用微量进样器分别加1.0 mg/mL的牛血清白蛋白(即标准蛋白质)溶液10,20,40,60,80,100 μL。各管均用0.015 mol/L PBS缓冲液补充到100 μL(即0.1 mL),详见表6-1。混匀待用。

表6-1 标准曲线的制作

管　号	标准蛋白质(μL)	缓冲液(μL)	总体积(μL)
1	0	100	100
2	10	90	100
3	20	80	100
4	40	60	100
5	60	40	100
6	80	20	100
7	100	0	100

2. 将待测蛋白配成合适浓度

另取3支清洁试管,编号8、9、10,用微量进样器按表6-2操作,将待测蛋白配成系列浓度。

表6-2 待测蛋白的稀释

管　号	待测蛋白质(μL)	缓冲液(μL)	总体积(μL)	稀释倍数
8	20	80	100	5
9	40	60	100	2.5
10	60	40	100	1.67

3. 加入G250试剂

各试管充分混匀后,用取样器分别加入5.0 mL考马斯亮蓝G250试剂,每加完一管,立即混合(注意不要太剧烈,以免产生大量气泡而难于消除)。

4. 比色

各管室温静置2~5 min后,在分光光度计上测定595 nm处的光吸收值A_{595},空白对照为第1号试管,标准和待测蛋白样同时比色。

注意:不可使用石英比色皿(因不易洗去染色),只能使用玻璃比色皿,使用后立即用少量95%的乙醇润洗,洗去颜色。

以上操作请观看光盘中的视频《蛋白质的浓度测定——Bradford法》。

5. 制作标准曲线

以标准蛋白质浓度(mg/mL)为横座标、吸光度值 A_{595} 为纵座标作图,即得到一条标准曲线。

6. 根据标准曲线计算待测蛋白浓度

在标准曲线上,根据测出的待测样品的 A_{595} 值,查出试管中蛋白质浓度,再按照计算公式:

$$待测蛋白质的浓度(mg/mL) = 查出的浓度 \times 稀释倍数$$

计算出待测蛋白浓度。如样品稀释合理且操作得当,待测蛋白的三个数值应具有同一性,取其平均值作为待测蛋白浓度。如某一光吸收值落在标准曲线线性范围外,舍弃该点。

六、计算

管　号		标准蛋白质 （μL）	缓冲液 （μL）	G250 试剂 （mL）	每管中的蛋白质浓度 （mg/mL）	光吸收值 （A_{595}）
标准蛋白	1	0	100	5	0	
	2	10	90	5	0.1	
	3	20	80	5	0.2	
	4	40	60	5	0.4	
	5	60	40	5	0.6	
	6	80	20	5	0.8	
	7	100	0	5	1.0	

管　号		待测蛋白质 （μL）	缓冲液 （μL）	G250 试剂 （mL）	A_{595}	查出的浓度 （mg/mL）	稀释倍数	待测蛋白质浓度 （mg/mL）
待测蛋白	8	20	80	5			5	
	9	40	60	5			2.5	
	10	60	40	5			1.67	

结果:待测蛋白质的浓度为:_____mg/mL。

七、注意事项

1. 蛋白质反应液应贮存在棕色瓶内,可长期使用,但如变为绿色,则需重配。

2. 比色皿只能用自来水冲洗,蒸馏水、95%乙醇润洗,不可用试管刷或其他物品直接洗刷。

3. 玻璃比色皿 1 套只有 4 只,可以同时使用,严禁与其他比色皿混用。

4. 分光光度计的吸光值在 0.2～0.7(透光率为 20%～60%)时准确度最高,低于 0.1 而超出 1.0 时误差较大。如未知样品的读数不在此范围时,应将样品做适当稀释或浓缩。

思考题

1. 考马斯亮蓝 G250 测定蛋白质含量的原理是什么?

2. 为什么不能用试管刷来清洗比色皿?

3. 能否将卫生纸塞入比色皿中以吸干余液?

4. 为什么最后要用 95%的乙醇来润洗比色皿?

实验七　核酸的紫外扫描及含量测定

一、目的

1. 了解紫外分光光度计的基本原理并掌握其使用方法。
2. 掌握使用紫外分光光度法测定核酸含量的原理和方法。

二、原理

核酸、核苷酸及其衍生物都具有共轭双键，具有紫外吸收。RNA 和 DNA 的紫外吸收峰为 260 nm。一般在 260 nm 波长下，每毫升含 1 μg DNA 溶液的光吸收值约为 0.020，每毫升含 1 μg RNA 溶液的光吸收值为 0.022。故测定待测浓度 RNA 或 DNA 溶液 260 nm 的光吸收值即可计算出其中核酸的含量。此法操作简便，迅速。若样品内混杂有大量的核苷酸或蛋白质等能吸收紫外光的物质，则测定误差较大，故应设法提前除去。纯净的 RNA 溶液，其 $A_{260}/A_{280} \geqslant 2$；纯净的 DNA 溶液，其 $A_{260}/A_{280} \geqslant 1.8$。

如果已知待测的核酸样品不含酸溶性核苷酸或可透析的低聚多核苷酸，即可将样品配制成一定浓度的溶液（20～50 μg/mL），在紫外分光光度计上直接测定。

蛋白质由于含有芳香族氨基酸，因此也能吸收紫外光。通常蛋白质的吸收高峰在 280 nm 处，在 260 nm 处的吸收值仅为核酸的 1/10 或更低，故核酸样品中蛋白质含量较低时对核酸的紫外测定影响不大。

RNA 在 260 nm 与 280 nm 处的吸收比值在 2.0 以上，DNA 的比值则在 1.9 左右。当样品中蛋白质含量较高时，比值即下降。

三、实验器材

1. UV-9100 型紫外可见分光光度计：参见图 7-1 以及附录Ⅲ，北京瑞利分析仪器公司生产，公用。

操作指南：插上电源插头，打开仪器右侧面下方的电源开关，将仪器背面

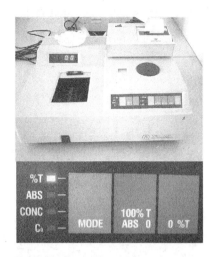

图 7-1 UV-9100 型紫外可见分光光度计及其控制面板、样品室和样品池

下方的灯光选择杆拨到"D"处（即氘灯），再按一下仪器左侧面下方的氘灯触发按钮，氘灯即点亮。调节"波长调节旋钮"使波长显示窗中的数字为所需的波长（如 260 nm），推开比色室的盖子。将空白和样品溶液分别仔细倒入特殊的石英比色皿中（倒入之前先用少量蒸馏水，再用少量待测溶液各润洗比色皿一次），用卫生纸擦去比色皿表面的余液，然后将比色皿插入比色室里的卡座中，拉动卡座拉杆，将空白液的比色皿置于光路中。按一下"MODE"键，使"％T"的指示灯亮，在比色室的盖子打开的状态下按一下"0％T"键，使显示窗中的数字为 0.0。关闭比色室的盖子，按一下"100％T ABS 0"键，使显示窗中的数字为 100.0。这样，仪器就调整好了。注意，每测一次样品前都要用空白重新调校"0％"和"100％"。再按一下"MODE"键，使"ABS"指示灯亮，按一下"100％T ABS 0"键，使显示窗中的数字为 0.000。拉动卡座拉杆，将样品液的比色皿置于光路中，此时，显示窗中的数字即为样品的吸光度。按一下"PRINT"键，将测定结果打印出来。注意，每次测定下一个样品之前都需要用空白重新调校"0％T"和"100％T"。测定完后，将比色皿中的溶液倒入原试管中（以备测错了重测），先用自来水内外冲洗干净比色皿，再用洗瓶冲洗比色皿的内外表面 1 次，将其粗糙面朝下斜靠在培养皿中。注意保持分光光度计的比色室内始终干燥干净，严禁将溶液洒落比色室。不测定时，请将比色室的盖子打开。请观看光盘中的视频《可见分光光度计的使用》。

本实验使用的是石英比色皿,一套2只。使用完毕后先用自来水内外冲洗干净比色皿,再用洗瓶冲洗比色皿的内外表面1次,将其粗糙面朝下斜靠在培养皿中,参见图7-2。

2. 取样器:请参见实验一,5 mL、1 mL各1支/组。

3. 其他器材:试管、试管架、烧杯、卫生纸。

图7-2　石英比色皿

图7-3　实验试剂

四、实验试剂(图7-3)

1. 标准DNA溶液:100 μg/mL。

2. 待测的DNA溶液。

五、操作

检查试管是否干燥、洁净;若否,将其洗净并置于干燥箱内120℃烘干。

1. 标准曲线的制作:取7支试管、2支取样器(分别为1 mL和5 mL),按照表7-1加样。

表7-1　标准曲线的制作

试　　管	1	2	3	4	5	6	7
标准DNA溶液(mL)	0	0.1	0.2	0.4	0.6	0.8	1
蒸馏水(mL)	5	4.9	4.8	4.6	4.4	4.2	4
A_{260}	0						

混匀后以1号试管为空白在260 nm处测定光吸收值A,以标准DNA溶液的毫升数为横坐标、A为纵坐标在坐标纸上绘制出标准曲线,它是一条直线。

2. 核酸最大紫外吸收波长（λ_m）的确定：以表 7-1 中的 7 号试管为测定对象，以 1 号试管为空白，在 240～290 nm 范围内每隔 10 nm 分别测定光吸收值 A。注意，每次换了波长之后都需要用空白重新调校"0％T"和"100％T"。以 A 为纵坐标、λ(nm)为横坐标作一条平滑曲线，找出最高峰处所对应的波长 λ_m。

3. 样品测定：取一支试管，编号 8，加入 6 mL 左右待测的 DNA 溶液，仍以 1 号试管为空白，分别在 260 nm 和 280 nm 处测定其光吸收 A，用 A_{260} 在标准曲线上查出其对应于标准 DNA 溶液的毫升数 V，由公式：

$$V \times 100/5$$

计算出待测 DNA 溶液的浓度（μg/mL）。再根据 A_{260}/A_{280} 的值来判断该待测的 DNA 样品是否纯净。

4. 将用过的玻璃仪器和取样器套头洗净，清洁紫外分光光度计（尤其是比色槽内）、清洗比色皿，整理好桌面上的仪器和试剂，并注意清洁自己的操作台，请老师验收，实验报告当场交给老师。

以上操作请观看光盘中的视频《紫外分光光度法测定核酸的含量》。

六、计算

λ(nm)	240	250	260	270	280	290
A						
λ_m						

试　　管		1	2	3	4	5	6	7	8
A_{260}		0							
试管 8 对应于标准 DNA 溶液的毫升数 V									
待测的 DNA 溶液的浓度（μg/mL）由公式 $V \times 100/5$ 计算									
待测的 DNA 溶液的 A_{260}/A_{280}									
待测 DNA 溶液是否纯净									

七、注意事项

1. 使用紫外分光光度计时，要确认切换到了"D"挡，特别不要忘记按下氢灯触发开关,否则不能产生紫外线。

2. 石英比色皿比较贵重,故测定时应尽量保持在操作台上,以免掉到地上摔碎。

3. 石英比色皿 1 套只有 2 只,可以同时使用,严禁与其他石英比色皿混用。

4. 每次换波长后都须重新用空白样来调"0%"和"100%"。

5. 参见实验六注意事项之 4。

思考题

1. 若样品中含有蛋白质,应如何排除干扰?

2. 紫外吸收法测定核酸含量的原理是什么?

3. 如果手接触了石英比色皿的光面而没有被擦净会导致什么误差,为什么?

4. 如果换波长后不用空白样来调"0%"和"100%",而是直接测定,会导致什么结果?

实验八（1） 酸性磷酸酯酶的提取

一、目的

掌握胞内酶的分离提取方法,学会离心机的使用。

二、原理

酸性磷酸酯酶(Acid Phosphatase,E C 3.1.3.2)存在于植物的种籽、霉菌、肝脏和人体的前列腺之中,能专一性地水解磷酸单酯键。本实验选用绿豆芽的酸性磷酸酯酶为材料,磷酸苯二钠为底物。磷酸苯二钠经过酸性磷酸酯酶作用,水解后生成酚和无机磷,其反应式如下:

$$C_6H_6{-}O{-}\overset{\overset{\displaystyle O}{\|}}{\underset{\underset{\displaystyle ONa}{|}}{P}}{-}ONa + H_2O \underset{}{\overset{酶}{\longleftrightarrow}} C_6H_6{-}OH + Na_2HPO_4$$

由上式可见,当有足量的底物磷酸苯二钠存在时,酸性磷酸酯酶的活力越大,所生成的产物酚和无机磷也越多。根据酶活力单位的定义,在酶促反应的最适条件下每分钟生成 1 微摩尔(μmol)产物所需要的酶量为一个活力单位,因此可用 Folin –酚法测定产物酚或用定磷法测定无机磷来表示酸性磷酸酯酶的活力。本实验采用的是 Folin –酚法。

实验前将绿豆芽细胞破碎,释放出酸性磷酸酯酶,离心除去细胞碎片和植物纤维等杂质,得到酸性磷酸酯酶的粗酶溶液,为下面的酶学性质研究及 SDS – PAGE 电泳法测分子量等系列生物化学实验做准备。

三、实验器材

1. LG10 – 2.4A 高速离心机:北京医用离心机厂生产,1 台/组,参见图 8 – 1 – 5 以及附录Ⅲ,并观看光盘中的视频《离心机的使用》。

2. 托盘天平:1 台/组。

3. 滴管:1 支/组。

4. 100 mL 烧杯：2 只/组。

5. 100 mL 三角烧瓶：1 只/组。

6. 漏斗：1 只/组。

7. 纱布：若干。

8. 滤纸：若干。

9. 碾钵：1 套/组。

10. 培养皿：1 个/组。

11. 100 mL 量筒：1 支/组。

12. 塑料手套：多双/组。

13. 记号笔：公用。

14. 绿豆芽：当日采摘,50 克/组。

四、操作

1. 匀浆:参见图 8-1-1,戴上手套,将绿豆芽掐去根和叶得绿豆芽茎,称取 50 g 的绿豆芽茎,在碾钵中用碾锤彻底捣碎,室温静置 0.5 h,在培养皿中用双层纱布挤滤,得到滤液。

图 8-1-1 碾钵和纱布   图 8-1-2 离心管的平衡

2. 平衡:参见图 8-1-2,将 2 只 100 mL 烧杯分别放到托盘天平的 2 只托盘上进行平衡。将滤液倒入 2 支离心管中,再把离心管连同其盖子分别放入托盘上的 2 只烧杯中,用滴管增、减离心管中的溶液使其在托盘天平上进行平衡,平衡后盖上离心管的盖子,用记号笔做好标记。

3. 离心:参见图 8-1-3～图 8-1-6 和附录Ⅲ,按住离心机右侧面上方的按钮,即可掀开离心机的盖子,再旋开转子的盖子,将平衡好的 2 支离心管插入离心机转子的 2 个相对的槽中（这是为了保护离心机），等 2 组或 3 组同学都插好了以后（即转子中的 4 个或 6 个槽均插上了离心管），旋上转子的盖子，再合上离心机的盖子，在离心机面板上将"定时"旋钮调到 21 min，将"转速"旋钮调到最大，插上电源插头，开启"电源"开关，按下"启动"按钮。此时，离心机开始加速旋转，当转速指针接近 4 000 r/min 时，将"转速"旋钮回调至中间附近的位置（12 点钟位置），转速便会恒定在 4 000 r/min。离心 20 min 后，离心机会自动减速。必须等到转速指针指示为"0"时，即转子彻底停止了旋转，才能开盖取离心管，请观看光盘中的视频《离心机的使用》。

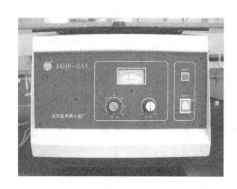

图 8 - 1 - 3　LG10 - 2.4A 高速离心机

图 8 - 1 - 4　打开离心机的盖子

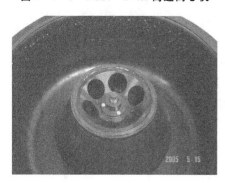

图 8 - 1 - 5　离心机的转子

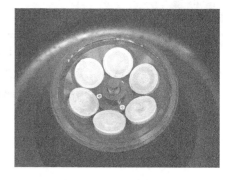

图 8 - 1 - 6　插好了离心管

4. 保存：将离心管中大部分上清液倒入量筒中，少部分接近沉淀物的上清液经滤纸过滤，一并收入量筒中以测量体积，然后倒入三角烧瓶中，做好标记，用塑料薄膜密闭，作为"原酶液"在冰箱中保存备用。

以上操作请观看光盘中的视频《酸性磷酸酯酶的提取》。

5. 洗净所有用过的玻璃仪器、碾钵和离心管，收拾干净桌面，请老师检查。

五、计算

上清液体积(mL)	粗酶液得率(mL/g)＝上清液体积/绿豆芽茎质量×100％

六、注意事项

1. 使用离心机前必须将离心管(连同其盖子)精确平衡。

2. 离心过程中,若听到异常响声,可能是出现了离心管破碎或离心管不平衡等情况,应立即切断电源,停止离心,检查原因。

3. 在离心机高速运转过程中切勿打开离心机盖,以防造成意外事故。

4. 避免离心机连续使用时间过长,一般使用 60 min 后要隔 20～30 min再使用。

5. 有机溶剂会腐蚀离心管,酸、碱、盐溶液会腐蚀金属,若发现渗漏现象应及时擦洗干净,以免损坏离心机。

思考题

1. 实验操作过程中为什么需戴上手套?

2. 豆芽在碾钵中用碾锤彻底捣碎对酶液提取起到什么作用?

3. 离心管中的沉淀物可能是哪些成分?

实验八（2）　酶促反应进程曲线的制作

一、目的

学会制作酶促反应的进程曲线，掌握可见分光光度计的使用。

二、原理

请参见实验八（1）。

　　要进行酶的活力测定，首先要确定酶的反应时间。酶的反应时间并不是任意规定的，应该在初速度范围内进行选择。要求出代表酶促反应初速度的时间范围就必须制作酶促反应的进程曲线。所谓进程曲线是指酶促反应时间与产物生成量（或底物减少量）之间的关系曲线，参见图8-2-1。它表明了酶促反应随反应时间变化的情况。本实验的进程曲线是在酶促反应的最适条件下采用每间隔一定的时间测定产物生成量的方法，以酶促反应时间为横坐标，产物生成量为纵坐标绘制而成的。从进程曲线可以看出，曲线的起始部分在某一段时间范围内呈直线，其斜率代表酶促反应的初速度。但是，随着反应时间的延长，曲线的斜率不断下降，说明反应速度逐渐降低。反应速度随反应时间的延长而降低这一现象可能是由于底物浓度的降低和产物浓度的增高使逆反应加强等原因所致。因此，要真实反映出酶活力的大小，就应该在产物生成量与酶

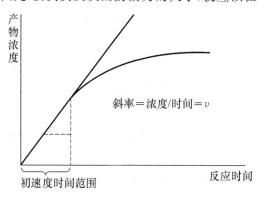

图8-2-1　酶促反应进程曲线

促反应时间成正比的这一段时间内进行测定。换言之,测定酶活力应该在进程曲线的初速度时间范围内进行。制作进程曲线,求出酶促反应初速度的时间范围是酶动力学性质分析中的组成部分和实验基础。

三、实验器材(图 8 - 2 - 2)

1. VIS - 7220 型可见分光光度计:请参见实验六,公用。

2. HH - 2 型数显恒温水浴锅:请参见实验一,公用。

3. 取样器:请参见实验一,5 mL、1 mL 各 1 支/组。

4. 试管:20 支/组。

5. 试管架:1 个/组。

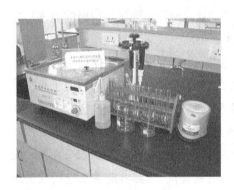

图 8 - 2 - 2　实验器材

图 8 - 2 - 3　实验试剂

四、实验试剂(图 8 - 2 - 3)

1. 酸性磷酸酯酶酶液:取原酶液用 0.2 mol/L 的 pH5.6 乙酸盐缓冲液稀释 10~20 倍。

2. 5 mmol/L 磷酸苯二钠溶液(pH5.6):精确称取磷酸苯二钠($C_6H_6Na_2PO_4 \cdot 2H_2O$,相对分子质量 254.10)2.54 g,加蒸馏水溶解后定容至 100 mL,即配成了 100 mmol/L 磷酸苯二钠水溶液,密闭保存备用。用 0.2 mol/L 的 pH5.6 的乙酸盐缓冲液稀释 20 倍,即得 5 mmol/L 磷酸苯二钠溶液(pH5.6)。

3. 0.2 mol/L 的 pH5.6 乙酸盐缓冲液。

4. Folin -酚试剂:于 2 000 mL 磨口回流装置内加入钨酸钠($Na_2WO_4 \cdot 2H_2O$)100 g,钼酸钠($Na_2MoO_4 \cdot 2H_2O$)25 g,水 700 mL,85% 磷酸 50 mL,浓

盐酸 100 mL。微火回流 10 h 后加入硫酸锂 150 g,蒸馏水 50 mL 和溴数滴摇匀。煮沸约 15 min,以驱逐残溴,溶液呈黄色,轻微带绿色;如仍呈绿色,须重复滴加液体溴的步骤。冷却后定容到 1 000 mL,过滤,置于棕色瓶中可长期保存,使用前,用蒸馏水稀释 3 倍。

5. 1 mol/L 碳酸钠溶液。

6. 0.4 mmol/L 酚标准应用液:精确称取分析纯的酚结晶 0.94 g 溶于 0.1 mol/L 的 HCl 溶液中,定容至 1 000 mL,即为酚标准贮存液,贮存于冰箱可永久保存,此时的酚浓度约为 0.01 mol/L。使用前将上述的酚标准贮存液用蒸馏水稀释 25 倍,即得到 0.4 mmol/L 酚标准应用液。

五、操作

检查试管是否干燥、洁净;若否,将其洗净并置于干燥箱内 120℃烘干。

用取样器取实验八(1)制得的"原酶液"5 mL,放入 100 mL 小烧杯中,再加入 95 mL、0.2 mol/L 的乙酸盐缓冲液(pH 为 5.6),混匀,得到稀释了 20 倍的原酶液,这就是实验八(2)~实验八(4)所用的"酶液"。

1. 加样与酶促反应:取试管 12 支,按 0 到 11 的顺序逐管编号,空白为 0 号。各管加入 0.5 mL 的 5 mmol/L 磷酸苯二钠溶液,在 35℃恒温水浴锅中预热 2 min 后,在 1~11 管内各加入 0.5 mL 预热的酶液。酶液一加入立即精确计时并摇匀,按时间 3、5、7、10、12、15、20、25、30、40 和 50 min 在 35℃恒温下进行定时酶促反应(酶液加入时为起始时间,碳酸钠溶液加入时为终止时间),参见图 8-2-4。当酶促反应进行到上述相应的时间时,加入 1 mol/L 碳酸钠溶液 5 mL 终止反应,时间控制详见表 8-2-1。

表 8-2-1 酶促反应时间安排

管　　号	1	2	3	4	5	6	7	8	9	10	11
酶液加入时刻(min,11 号试管最先加样)	10	9	8	7	6	5	4	3	2	1	0
碳酸钠溶液加入时刻(min)	13	14	15	17	18	20	24	28	32	41	50

2. 显色:加完 1 mol/L 碳酸钠溶液 5 mL 后再向试管中加入 0.5 mL Folin-酚稀溶液,混匀,保温约 10 min 即可显色。空白管所加试剂相同,但酶液最后加入。

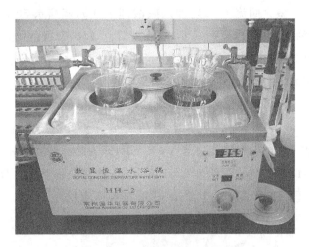

图 8-2-4 酶促反应加热操作

3. 测定:冷却后以 0 号管作空白,在可见光分光光度计上 680 nm 波长处测定各管的吸光度 A_{680}。

以上 1、2、3 步操作请参见表 8-2-2,并请观看光盘中的视频《酶促反应进程曲线的制作和初速度的测定》。

表 8-2-2 酶促反应操作安排

管　　号	1	2	3	4	5	6	7	8	9	10	11	0
5 mmol/L 磷酸苯二钠溶液	各 0.5 mL											
35℃预热 2 min												
酶液(35℃预热过的)	各 0.5 mL,一加入就计时,注意合理安排各管的加入时间,最好先加第 11 管,隔 1 min 再加第 10 管(详见表 8-2-1)											0
35℃精确反应时间(min)	3	5	7	10	12	15	20	25	30	40	50	
1 mol/L 碳酸钠溶液	各 5 mL(用于终止反应)											
Folin-酚稀溶液	各 0.5 mL											
0 号试管加入酶液 0.5 mL												
35℃保温显色 10 min 以上												
A_{680}												0

4. 画图:以反应时间为横坐标,A_{680} 为纵坐标绘制进程曲线,并将其贴在实验报告上,由进程曲线求出酸性磷酸酯酶反应初速度的时间范围(直线部

分涵盖的时间）。

5. 清洁：将用过的玻璃仪器和取样器套头洗净，清洁分光光度计（尤其是比色槽内）、清洗比色皿，整理好桌面上的仪器和试剂，并注意清洁自己的操作台，请老师验收，实验报告当场交给老师。

六、计算

试管	1	2	3	4	5	6	7	8	9	10	11
A_{680}											
初速度的时间范围:0～　　　min											

七、注意事项

1. 酶促反应应保持温和条件，反应液要避免剧烈搅拌或震荡。

2. 实验前要设计好每支试管的加样顺序，确保反应时间的准确性。

3. 酶促反应的加样顺序不得搞错，否则无法显色。

4. 参见实验六注意事项之 2、3、4。

思考题

1. 随着反应时间的延长，曲线的斜率不断下降，说明反应速度逐渐降低，这是为什么？

2. 如果酶促反应在一个较大的体系中，如在烧杯中进行，每隔一定的时间从烧杯中取样测定该体系中产物的生成量，并绘制酶促反应进程曲线，该方法和本书采用的方法结果会一致吗？哪个更好一些？

实验八（3）　酸性磷酸酯酶的酶活力测定

一、目的

通过对酶促反应速度的测定，计算出酶的活力，掌握可见分光光度计的使用。

二、原理

请参见实验八（1）。

三、实验器材

请参见实验八（2）。

四、实验试剂

请参见实验八（2）。

五、操作

检查试管内是否干燥、洁净；若否，将其洗净并置于干燥箱内 120℃ 烘干。

用取样器取实验八（1）制得的"原酶液"5 mL，放入 100 mL 小烧杯中，再加入 95 mL、0.2 mol/L 的乙酸盐缓冲液（pH 为 5.6），混匀，得到稀释了 20 倍的原酶液，这就是实验八（2）～实验八（4）所用的"酶液"。

1. 标准曲线的制作

取试管 6 支，按 0 到 5 的顺序逐管编号，空白为 0 号。按照表 8 - 3 - 1，向各试管中依次加入 0.4 mmol/L 酚标准应用液、0.2 mol/L 的 pH5.6 的乙酸盐缓冲液、1 mol/L 碳酸钠溶液和 Folin -酚试剂，注意加样顺序不得搞错，否则显不了色。摇匀，在 35℃ 保温 10 min 以上（先用烧杯盛 35℃ 的水，置于水浴锅中，再将试管放入烧杯中保温，以防试管滑落入水中），参见实验八（2）的图 8 - 2 - 4。以 0 号试管为空白，在可见光分光光度计上 680 nm 波长处读取各管的吸光度 A_{680}，以 A_{680} 为横坐标、酚标准应用液的毫升数为纵坐标作一条标准曲线,它应该是一条直线。保留该数据,以便实验八(4)直接引用。以上操作总结为表 8-3-1。

表 8-3-1　标准曲线的制作

试　管	1	2	3	4	5	0
0.4 mmol/L 酚标准应用液(mL)	0.1	0.2	0.3	0.4	0.5	0
0.2 mol/L 的 pH5.6 的乙酸盐缓冲液（mL）	0.9	0.8	0.7	0.6	0.5	1
1 mol/L 碳酸钠溶液(mL)	5					
Folin-酚试剂(mL)	0.5					
摇匀,在 35℃保温显色 10 min 以上						
A_{680}						0

2. 酶活力的测定

取 2 支试管,编号 1'、0',将 0'号试管作为空白。在 2 支试管中各加入 0.5 mL 的 5 mmol/L 磷酸苯二钠溶液,35℃预热 2 min,再向 1'号试管中加入 35℃预热过的酶液 0.5 mL,立即计时,摇匀,35℃精确反应 10 min(酶液加入时为起始时间,碳酸钠溶液加入时为终止时间)后立即向 2 支试管中各加入 1 mol/L 碳酸钠溶液 5 mL,再各加入 Folin-酚稀溶液 0.5 mL,混匀,最后向 0'号试管中加入酶液 0.5 mL,2 支试管摇匀后在 35℃保温显色约 10 min 以上,将 0'号试管作为空白,用可见光分光光度计测 1'号试管在 680 nm 处的光吸收值 A_{680},以上详细的加样顺序和操作见表 8-3-2,注意加样顺序不得搞错,否则显不了色。

表 8-3-2　酶活力的测定

管　号	1'	0'
5 mmol/L 磷酸苯二钠溶液(mL)	0.5	0.5
35℃预热 2 min		
酶液(35℃预热过的)(mL),一加入就计时	0.5	0
摇匀,35℃精确反应 10 min 后立即各加入 1 mol/L 碳酸钠溶液 5 mL(终止反应用)		
Folin-酚稀溶液(mL)	0.5	0.5
0'号试管加入酶液 0.5 mL		
摇匀,35℃保温显色 10 min 以上		
A_{680}		0

以上各步操作请观看光盘中的视频《酸性磷酸酯酶的酶活力测定》。

3. 酶活力的计算

酶活力单位的定义为：在酶促反应的最适条件下每分钟生成 1 微摩尔（μmol）产物所需要的酶量规定为一个活力单位。用 $1'$ 号试管的 A_{680} 在标准曲线上查出其对应的酚标准应用液的毫升数 V，根据公式：

$$2 \times 0.4 \times V \times 1\,000/10$$

可计算出 1 mL 酶液中所含有的酶的活力。

4. 清洁

将用过的玻璃仪器和取样器套头洗净，清洁分光光度计（尤其是比色槽内）、清洗比色皿，整理好桌面上的仪器和试剂，并注意清洁自己的操作台，请老师验收，实验报告当场交给老师。

六、计算

试　　管	0	$0'$	1	2	3	4	5	$1'$
A_{680}	0	0						
V(mL)								
1 mL 酶液的活力（U）								

七、注意事项

参见实验八（2）的注意事项。

思考题

1. 用 Folin -酚法测定产物酚或用定磷法测定无机磷都可以用来测定酸性磷酸酯酶的活力，你认为哪种方法的适应面更广？

2. 测定酶活力为什么要在进程曲线的初速度时间范围内进行？

3. 空白管中为什么最后才加酶液？你还可以设计出另一种空白管吗？

实验八(4)　酸性磷酸酯酶米氏常数的测定

一、目的

掌握米氏常数(K_m)及最大反应速度(V_m)的测定原理和实验方法,掌握可见分光光度计的使用。

二、原理

请参见实验八(1)。

根据酶与底物形成中间配合物的学说,可以得到一个表示酶促反应速度与底物浓度之间相互关系的方程式,这就是酶学上著名的米氏方程:

$$v = \frac{V_m \cdot [S]}{K_m + [S]}$$

式中,$[S]$为底物浓度,v为反应速度,V_m为最大反应速度,K_m为米氏常数。由米氏方程可以推出,米氏常数K_m等于反应速度达到最大反应速度一半时的底物浓度,米氏常数的单位就是浓度单位(mol/L 或 mmol/L)。

测定K_m和V_m,特别是测定K_m,是酶学工作的基本内容之一。在酶动力学性质的分析中,米氏常数K_m是酶的一个基本特性常数,它包含着酶与底物结合和解离的性质。特别是同一种酶能够作用于几种不同的底物时,米氏常数K_m往往可以反映出酶与各种底物的亲和力强弱,K_m数值越大,说明酶与底物的亲和力越弱;反之,K_m值越小,说明酶与底物的亲和力越强,K_m值最小的底物就是酶的最适底物。

测定K_m和V_m,一般通过作图法求得。作图方法很多,其共同特点是先将米氏方程式变换成直线方程,然后通过作图法求得。本实验在测定酸性磷酸酯

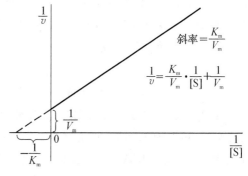

图 8-4-1　双倒数作图法原理

酶以磷酸苯二钠为底物的 K_m 和 V_m 时,采用最常用的双倒数作图法(Lineweaver-Burk 作图法),参见图 8 - 4 - 1。这个方法是先将米氏方程两边同时取倒数,整理后得到:

$$\frac{1}{v} = \frac{K_m}{V_m} \cdot \frac{1}{[\mathrm{S}]} + \frac{1}{V_m}$$

然后以 $\frac{1}{v}$ 对 $\frac{1}{[\mathrm{S}]}$ 作图,可得到一条直线。这条直线在横轴上的截距为 $-\frac{1}{K_m}$,在纵轴上的截距为 $\frac{1}{V_m}$,由此即可求得 K_m 和 V_m。

三、实验器材

请参见实验八(2)。

四、实验试剂

请参见实验八(2)。

五、操作

检查试管内是否干燥、洁净;若否,将其洗净并置于干燥箱内 120℃烘干。

用取样器取实验八(1)制得的"原酶液"5 mL,放入 100 mL 小烧杯中,再加入 95 mL、0.2 mol/L 的乙酸盐缓冲液(pH 为 5.6),混匀,得到稀释了 20 倍的原酶液,这就是实验八(2)~实验八(4)所用的"酶液"。

1. 酚标准曲线的制作

做过实验八(3)的同学此步可免,直接应用上次的酚标准曲线。未做过实验八(3)的同学,请按实验八(3)中"标准曲线的制作"的操作,先制作酚标准曲线,保留该数据,以便实验八(4)直接引用。

2. 底物浓度对酶促反应速度的影响——K_m 和 V_m 的测定

参见表 8 - 4 - 1,取试管 7 支,按照 0 至 6 的顺序逐管编号,空白管为 0 号。1~6 号管加入不同体积的 5 mmol/L 磷酸苯二钠溶液(pH5.6),并分别补充 0.2 mol/L 的 pH5.6 乙酸盐缓冲液至 0.5 mL。35℃预热 2 min(先用烧杯盛 35℃的水,置于水浴锅中,再将试管放入烧杯中保温,以防试管滑落入水中,参见实验八(2)的图 8 - 2 - 4),逐管加入 35℃预热过的酸性磷酸酯酶酶液 0.5 mL,开始计时,摇匀,精确反应 10 min(酶液加入时为起始时间,碳酸钠溶液加入时为终止时间)。反应时间到达后立即加入 5 mL 1 mol/L 碳酸钠溶液,再加入 0.5 mL Folin -酚稀溶液,摇匀,35℃ 保温显色约 10 min。

0 号管内先加入 0.5 mL 5 mmol/L 磷酸苯二钠溶液(pH5.6),再加入 5 mL 1 mol/L 碳酸钠溶液和 0.5 mL Folin -酚稀溶液,最后加入 0.5 mL 酶液,其他操作与 1～6 号管相同。冷却后以 0 号管作空白,在 VIS -7220 型可见分光光度计 680 nm 波长处读取各管的吸光度 A_{680}。

整个操作过程见表 8 - 4 - 1 并请观看光盘中的视频《酸性磷酸酯酶米氏常数的测定》。

表 8 - 4 - 1　K_m 和 V_m 的测定

管　　号	1	2	3	4	5	6	0
5 mmol/L 磷酸苯二钠溶液(mL)	0.1	0.14	0.2	0.25	0.33	0.5	0.5
0.2 mol/L pH5.6 乙酸盐缓冲液(mL)	0.4	0.36	0.3	0.25	0.17	0	0
35℃预热 2 min 左右							
35℃预热过的酶液(mL) (加入就计时,即起始时刻)	0.5	0.5	0.5	0.5	0.5	0.5	暂不加
摇匀,在 35℃ 的条件下,精确反应 10 min(注意合理安排各试管的酶液加入时间,也就是反应起始时间,最好相隔 1 min)							
各管内均加入 1 mol/L 碳酸钠溶液 5 mL(用于终止反应)							
各管内均加入 Folin -酚稀溶液 0.5 mL,摇匀							
向 0 号试管加入酶液 0.5 mL							
摇匀,所有试管在 35℃ 保温显色 10 min 以上							
A_{680}							0

用各管的 A_{680} 在标准曲线上查出其对应的酚标准应用液的毫升数 V,则产物的浓度为 $0.4 \times V$(mmol/L),这样,各种底物浓度下的速度 $v = 0.4 \times V/10$(mmol/(L·mL·min)),取相应的倒数,填入表 8 - 4 - 2 内。以 $1/v$ 为纵坐标,$1/[S]$ 为横坐标作图,求出 K_m 和 V_m。

3. 将用过的玻璃仪器和取样器套头洗净,清洁分光光度计(尤其是比色槽内)、清洗比色皿,整理好桌面上的仪器和试剂,并注意清洁自己的操作台,请老师验收,实验报告当场交给老师。

六、计算

表 8 - 4 - 2　记录与计算汇总

管　号	1	2	3	4	5	6
A_{680}						
$V(\text{mL})$						
磷酸苯二钠浓度(mmol/L)	0.5	0.7	1.0	1.25	1.65	2.5
$1/[S]$	2.0	1.42	1.0	0.8	0.6	0.4
反应时间(min)	10	10	10	10	10	10
反应速度 $v(\text{mmol}/(\text{L}\cdot\text{mL}\cdot\text{min}))$						
$1/v$						
K_m						
V_m						

七、注意事项

参见实验八(2)之注意事项。

思考题

1. 为什么要用双倒数作图法而不是直接用米氏曲线来求米氏常数?

2. 还有其他作图法可以准确求出米氏常数吗? 试用本实验的数据,通过两种作图法来求米氏常数,并比较两者的差异。

实验八（5） 酸性磷酸酯酶的检测
——SDS-PAGE 电泳法

一、目的

熟悉垂直板型电泳槽的使用，了解 SDS-聚丙烯酰胺凝胶电泳法测定蛋白质相对分子质量以及检测样品中蛋白质组分的一般原理，掌握 SDS-聚丙烯酰胺凝胶电泳的操作方法。

二、原理

聚丙烯酰胺凝胶是由单体丙烯酰胺（acrylamide，简称 Acr）和交联剂 N，N-亚甲基双丙烯酰胺（N, N-methylene-bisacylamide，简称 Bis）在加速剂 N，N, N', N'-四甲基乙二胺（N, N, N', N'-tetramethyl ethylenediamine，简称 TEMED）和催化剂过硫酸铵（anmonium persulfate（NH_4）$_2S_2O_8$，简称 AP）或核黄素（ribofavin 即 vitamin B_2）的作用下聚合交联成三维网状结构的凝胶，以此凝胶为支持物的电泳称为聚丙烯酰胺凝胶电泳（polyacrylamide gel electrophoresis，简称 PAGE）。

用普通凝胶电泳分离大分子物质，主要依赖于各大分子所带电荷的多少、相对分子质量的大小及其分子的形状等差异。而要利用凝胶电泳测定大分子的相对分子质量，就必须将大分子所带电荷和分子形状的差异所引起的效应去掉或将其减少到可以忽略不计的程度，从而使大分子的迁移率完全取决于它的相对分子质量。

为了达到上述目的，目前较常用的方法是在电泳体系中加入一定浓度的十二烷基磺酸钠（Sodium dodecylsufate，SDS）。SDS 是一种阴离子表面活性剂，它能破坏蛋白质分子的氢键和疏水键，使蛋白质变性为松散的线状，在强还原剂 β-巯基乙醇或二硫苏糖醇（DTT）的存在下，蛋白质分子内的二硫键被打开并解聚成组成它们的多肽链，解聚后的蛋白质分子与 SDS 充分结合形成带负电荷的蛋白质 SDS 复合物。蛋白质 SDS 复合物所带的 SDS 负电荷大大超过了蛋白质分子原有的电荷量，这就消除了不同种类蛋白质分子之间原有的电荷差异,而且此复合物在水溶液中的形状像一个长椭圆棒,它的短轴对不同的蛋白质亚基 - SDS 复合物基本上是相同的,约为 180Å $(1.8 \times 10^{-8}$ m),但长轴的长度则与蛋白质亚基相对分子质量的大小成正比,因此这种复合物在 SDS 聚丙烯酰胺凝胶系统中的电泳迁移率不再受蛋白质原有电荷和分子形状的影响,而主要取决于椭圆棒的长轴长度即蛋白质亚基相对分子质量的大小。当蛋白质的相对分子质量在 12 000~200 000 时,电泳迁移率与相对分子质量的对数呈线性关系:

$$\lg M_{\mathrm{w}} = -b * m_{\mathrm{R}} + K$$

式中　　M_{w}——相对分子质量;

　　　　m_{R}——相对迁移率;

　　　　b——斜率;

　　　　K——常数。

　　实验证明,相对分子质量在 12 000~200 000 的蛋白质,用此法测得的相对分子质量,与用其他方法测得的相对分子质量相比,误差一般在 ±10% 以内,重复性高。此方法还具有设备简单,样品用量甚微,操作方便等优点,现已成为测定某些蛋白质相对分子质量的常用方法。值得提出的是,此方法虽然适用于大多数蛋白质相对分子质量的测定,但对于一些蛋白质,如带有较大辅基的蛋白质(如某些糖蛋白)、结构蛋白(如胶原蛋白)、电荷异常或构象异常的蛋白质(如组蛋白 F_1)和一些含二硫键较多的蛋白质(如一些受体蛋白)等是不适用的,因为它们在 SDS 体系中,电泳的相对迁移率与相对分子质量的对数不呈线性关系。

　　聚丙烯酰胺凝胶有下列特性:

　　(1) 在一定浓度时,凝胶透明,有弹性,机械性能好;

　　(2) 化学性能稳定,与被分离物不起化学反应,在很多溶剂中不溶;

　　(3) 对 pH 和温度变化较稳定;

　　(4) 几乎无吸附和电渗作用,只要 Acr 纯度高,操作条件一致,则样品分离重复性好;

　　(5) 样品不易扩散,且用量少,其灵敏度可达 6~10 μg;

　　(6) 凝胶孔径可调节,根据被分离物的相对分子质量选择合适的浓度,通过改变单体及交联剂的浓度调节凝胶的孔径;

　　(7) 分辨率高,尤其在不连续凝胶电泳中,集浓缩、分子筛和电荷效应为一体。因而较醋酸纤维薄膜电泳、琼脂糖电泳等有更高的分辨率。

凝胶浓度的选择与被分离物质的相对分子质量密切相关,本实验采用垂直平板形式以不连续系统的 SDS-聚丙烯酰胺凝胶进行电泳,凝胶浓度为 10%。

聚丙烯酰胺凝胶电泳分为连续系统与不连续系统两大类。

不连续体系由电极缓冲液、浓缩胶及分离胶所组成,浓缩胶是由 AP 催化聚合而成的大孔胶,凝胶缓冲液为 pH6.8 的 Tris-HCl。分离胶是由 AP 催化聚合而成的小孔胶,凝胶缓冲液为 pH8.8 Tris-HCl。电极缓冲液是 pH8.3 Tris-甘氨酸。2 种孔径的凝胶、2 种缓冲体系、3 种 pH 使不连续体系形成了凝胶孔径、pH、缓冲液离子成分的不连续性,这是样品浓缩的主要因素。

SDS-PAGE 电泳不仅能测定未知蛋白质的相对分子质量,也能检测样品中蛋白质的组成情况,根据电泳图谱中区带的存在与否、色泽深浅以及所处的相对分子质量范围,可以判断样品中是否含有某种蛋白质,有哪些杂蛋白组分,各蛋白质组分的相对含量等信息。本实验采用 SDS 不连续系统垂直板型电泳检测从绿豆芽中提取的粗酶溶液中酸性磷酸酯酶以及杂蛋白的组成情况。酸性磷酸酯酶的相对分子质量为 55 000±5 000。

三、实验器材(图 8 - 5 - 1)

1. DYY-Ⅲ-4 型常压电泳仪:北京市六一仪器厂生产,参见图 8 - 5 - 13,请观看光盘中的视频《凝胶电泳仪的使用》,1 套/组。

2. DYCZ-24E 电泳槽:参见图 8 - 5 - 9～图 8 - 5 - 10,请观看光盘中的视频《凝胶电泳仪的使用》,1 套/组。

3. DYCZ-24E 制胶装置:参见图 8 - 5 - 3～图 8 - 5 - 4,1 套/组。

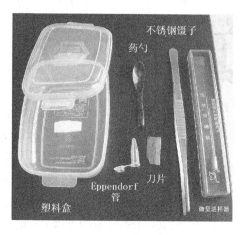

图 8 - 5 - 1 部分器材

4. HH-2 型数显恒温水浴锅:请参见实验一,公用。

5. 取样器:请参见实验一,1 mL、5 mL 各 1 支/组。

6. PHS-3C 型 pH 计:上海雷磁仪器厂生产,配试剂时教师使用。

7. 100 mL 小烧杯:2 只/组。

8. 电炉:公用。

9. 500 mL 烧杯:公用。

10. 泡沫架(3 孔):1 个/组。

11. 不锈钢镊子:公用。

12. 100 μL 微量进样器:1 支/组。

13. 透明塑料饭盒:1 只/组。

14. Eppendorf 管:公用。

15. 洗瓶(内装重蒸馏水):1 只/组。

16. 药勺:1 支/组。

17. 刀片:1 片/组。

18. 脸盆:1 个/组。

四、实验试剂(图 8 - 5 - 2)

1. 0.5 mg/mL 的 Marker 标准蛋白质溶液:称取低相对分子质量的标准蛋白质 Marker 样品0.5 mg放入洁净的1.5 mL的 Eppendorf 管中,加入1 mL"1×样品稀释液"(即"2×样品稀释液"再稀释 1 倍的产物),使之溶解,再按每管 100 μL 分装,贮存于−20℃冰箱中备用。

图 8 - 5 - 2　实验试剂

2. 凝胶贮液:30 g 丙烯酰胺,0.8 g 亚甲基双丙烯酰胺,溶于 100 mL 重蒸馏水,于 4℃暗处贮存,一个月内使用。

3. 1 mol/L、pH8.8 的 Tris-HCl 缓冲液:Tris 121 g 溶于重蒸馏水,用浓 HCl 调至 pH8.8,以重蒸馏水定容至 1 000 mL。

4. 0.5 mol/L、pH6.8 的 Tris-HCl 缓冲液:仿 3 配制。

5. 10%(w/v)SDS:10 g 的 SDS 定容于 100 mL 重蒸馏水中,SDS 用分析纯,南京凯基生物科技发展有限公司生产,如是化学纯则需处理。

6. 10%(w/v)过硫酸铵溶液(使用当天现配现用):10 g 过硫酸铵定容于 100 mL 重蒸馏水中。

7. 四甲基乙二胺(TEMED)。

8. 电极缓冲液(pH8.3)：Tris 30.3 g，甘氨酸 144.2 g，SDS 10 g，溶于重蒸馏水并定容至 1 000 mL，使用时 10 倍稀释。

9. 2×样品稀释液：SDS 500 mg、β-巯基乙醇 1 mL、甘油 3 mL、溴酚蓝 4 mg、1 mol/L pH6.8 Tris-HCl 2 mL，用重蒸馏水溶解并定容至 10 mL，按每份 1 mL 分装于 Eppendorf 管中，−20℃贮存。此液制备样品时，样品若为固体，应稀释 1 倍使用；样品若为液体，则加入与样品等体积的原液混合即可。

10. 固定液：500 mL 乙醇，100 mL 冰醋酸，用重蒸馏水定容至 1 000 mL。

11. 脱色液：250 mL 乙醇，80 mL 冰醋酸，用重蒸馏水定容至 1 000 mL。

12. 染色液：0.29 g 考马斯亮蓝 R250 溶解在 250 mL 脱色液中。

13. 自制的粗酶溶液。

五、操作

1. 制板：参见图 8-5-3，用酒精棉球擦拭制胶槽、玻璃板和盖板，并将其晾干。

图 8-5-3　制胶装置零部件

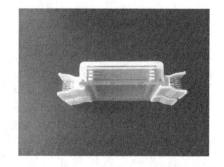

图 8-5-4　制胶装置

将制胶玻璃板按照平、凹、平、凹顺序放入制胶槽内，一共放 4 套，盖上有机玻璃盖板，用四支夹子夹紧，受力点在密封条位置，务必密封，以防漏胶，参见图 8-5-4。

2. 制胶

(1) 制备 10% 的分离胶

在小烧杯中，按表 8-5-1 的配方和顺序配制 10% 浓度的分离胶，总量应根据制胶装置的大小而决定，本实验中 45 mL 左右，可制作 4 块胶。

表 8-5-1　10％分离胶配制方法

试　　剂	体积(mL)
凝胶贮液	15
1 mol/L pH8.8 Tris-HCl	16.8
重蒸馏水	13.05
10％SDS	0.45
TEMED	0.03
10％AP(过硫酸铵)	0.15
合　计	45.48

　　分离胶液混匀后,迅速用 5 mL 取样器吸取胶液,加至任意一个平、凹玻璃板间的间隙中,注意使胶液顺着凹面玻璃板的表面流下,加胶要迅速,由于 4 个平、凹玻璃板间的间隙是通过制胶槽底部的通道相通的,所以 4 个间隙中的液面会同时上升,当分离胶液面距离平面玻璃板顶端约 2 cm 处时停加胶液,参见图 8-5-5。再用 1 mL 取样器向 4 个胶的液面上分别注入 1 mL 重蒸馏水,利用水的压力平衡分离胶的液面,使分离胶压制成一条直线,并且用于隔绝空气,在 40℃烘箱中加热 40 min 左右,分离胶即可完全凝聚。然后把水倒掉,可见清晰的线状的分离胶液面。

图 8-5-5　分离胶液面

　　注意:注入重蒸馏水时要快,避免产生过大的压力差,保证各分离胶液面等高。

　　(2)制备 5％的浓缩胶

　　按照表 8-5-2 配方及顺序配置 5％的浓缩胶,总量应根据制胶装置的大小而决定,本实验为 15 mL 左右。

表 8-5-2　5%的浓缩胶的配制

试　　剂	用量（mL）
重蒸馏水	8.244
0.5 mol/L Tris-HCl 缓冲液（pH6.8）	4.5
10%SDS	0.18
凝胶贮液（Acr/Bis）	2.88
TEMED	0.018
10%AP（过硫酸铵）	0.09
合　计	15.912

　　将浓缩胶在小烧杯中混匀,迅速用 5 mL 取样器吸取胶液,沿着凹面玻璃板表面将其灌注在每块分离胶上,直至浓缩胶的液面达到平面玻璃板顶部,小心插入加样梳,参见图 8-5-6,避免混入气泡,在 40℃烘箱中加热 30 min 左右,浓缩胶完全聚合。

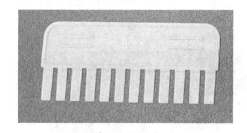
图 8-5-6　加样梳

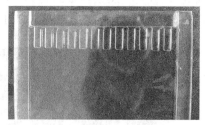
图 8-5-7　点样孔

　　凝聚后,小心取出加样梳,防止把点样孔弄破,参见图 8-5-7。用洗瓶冲洗点样孔,除掉未凝聚的丙烯酰胺等杂物。彻底倒出点样孔中的水,在其中加入已稀释的电极缓冲液。

　　3. **样品处理**:下面(1)、(2)两步中的加热操作同步进行。

　　(1)标准样品处理

　　先用电炉将烧杯中的自来水烧开,再取 0.5 mg/mL 的 Marker 标准蛋白质溶液 0.1 mL 加入 Eppendorf 管中,密闭,插到泡沫架上,用不锈钢镊子将泡沫架放到沸水浴中加热 5 min,取出,冷却至室温备用。

（2）待测样品处理

用实验八（1）制得的"原酶液"作为待测样品，用取样器取0.1 mL"原酶液"，在Eppendorf管中与2×样品稀释液等体积混匀，密闭，插到泡沫架上，参见图8-5-8，用不锈钢镊子将泡沫架放到沸水浴中加热5 min，取出，冷却至室温备用。

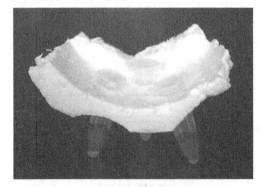

图8-5-8 泡沫架和Eppendorf管

4. 点样

松开制胶槽上的夹子，取出中间夹有凝胶的平、凹两块玻板（三者粘在一起的，切勿分开，称作凝胶板三联体），用自来水冲刷并用手抹去表面上的残余凝胶，选取两块做得比较好的凝胶板三联体，倾尽点样孔中的液体，以点样孔朝上，按凝胶板三联体（凹面玻璃朝外，平面玻璃朝内）、电泳槽芯、另一块凝胶板三联体、斜锲插板的排列顺序，装进电泳槽，并用斜锲插板插紧，牢牢固定，参见图8-5-9和图8-5-10。

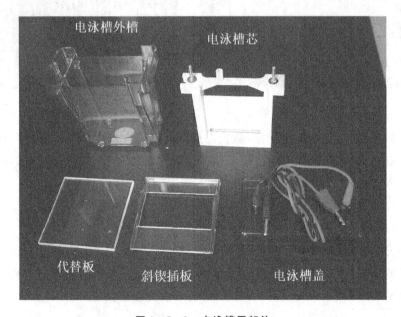

图8-5-9 电泳槽零部件

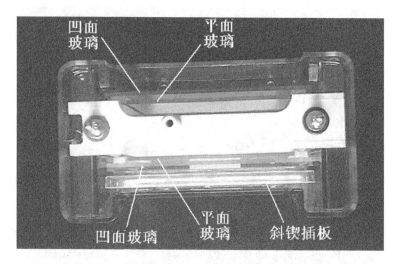

图 8 - 5 - 10　俯瞰电泳槽

用 100 μL 微量进样器取 15 μL 处理过的蛋白质溶液,点到点样孔中。Marker 标准蛋白质溶液点在正中央的点样孔中,待测蛋白质溶液分别点到左、右两边的点样孔中。注意要有间隔,每人记住自己的点样位置,参见图 8 - 5 - 11和图 8 - 5 - 12。

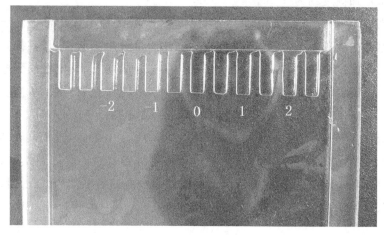

图 8 - 5 - 11　点样位置标记

图 8 - 5 - 12　点样实例

5. 电泳

向电泳槽的内槽加入电极缓冲液使其溢出而流到外槽,使外槽中的电极缓冲液液面高度约为 5 cm。

对准电泳槽芯的正负电极,盖上电泳槽的盖子,将整个电泳槽置于盛有自来水的盆中(作冷凝用),某些型号的电泳槽自带冷凝装置,只要接上自来水就可起到冷凝作用,参见图 8 - 5 - 13。将盖子上的正、负电极插到电泳仪上的正、负极插孔中,将稳压旋钮调到最小,而稳流旋钮调到最大,插上电泳仪的电源插头。打开电源开关,调整稳压旋钮使电压处于 150～300 V。设置电泳起始时间,即用快进和慢进按钮将时钟调整为 0:00,再设置电泳结束时间,即在按住定时按钮的前提下用快进和慢进按钮将时钟调整为 3:00,开始电泳,参见图 8 - 5 - 13,直至蓝色前沿迁移至离凝胶最下端约 2 cm 时,关掉电泳仪开关,拔下插头,停止电泳。

6. 固定

从水盆中取出电泳槽,打开电泳槽盖子,将电泳槽内的电极缓冲液回收,取出斜楔插板,拿出夹着凝胶的玻璃板,将其置于盛有自来水的盆中。在平、凹两块玻璃板间隙之间,用药勺柄轻轻撬动,即可将胶面与平面玻璃

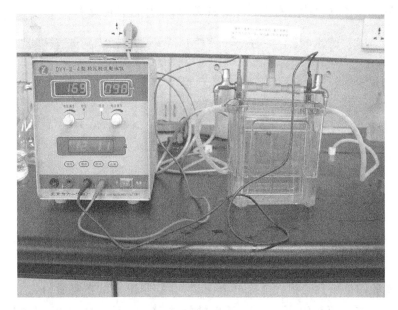

图 8 - 5 - 13　DYY - Ⅲ - 4 型常压电泳仪和电泳槽的连接

板分开,再用刀片沿着凝胶与凹面玻璃板的结合部位划开,抖动玻璃板使凝胶脱离玻璃板而滑入水中,用手轻轻将凝胶托起放入透明塑料饭盒中。加入固定液使凝胶浸没,晃动盒子使反应均匀,加盖密闭,室温下固定30 min,回收固定液。

7. 染色

加入染色液使凝胶浸没,晃动盒子使反应均匀,参见图 8 - 5 - 14。加盖密闭,置于 60℃ 恒温水浴锅中染色 10 min,回收染色液。

8. 脱色

凝胶先用自来水洗去表面的残余染色液,加入脱色液使凝胶浸没,加盖密闭,置于 60℃ 恒温水浴锅中加热 10 min,更换新的脱色液

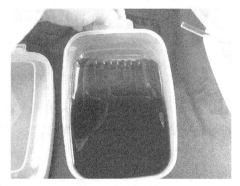

图 8 - 5 - 14　染色

再处理 2 次,最后将凝胶浸泡于蒸馏水中,脱色后的凝胶背景应为无色,参见图 8 - 5 - 15。

以上操作过程请观看光盘中的视频《SDS-PAGE 电泳》。

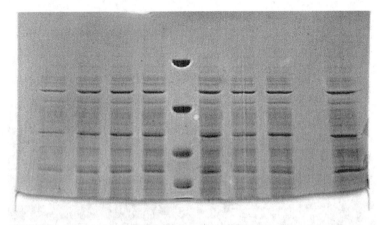

图 8-5-15　实际电泳图谱(中间的是标准 Marker 蛋白)

　　实验结果用数码相机拍摄电泳图谱,并打印出来贴在实验报告上,参见图 8-5-15。再由图 8-5-15 给出的标准 Marker 蛋白的电泳图谱及其对应相对分子质量,参照酸性磷酸酯酶的相对分子质量 55 000±5 000,在样品电泳图谱中判断样品中是否含有酸性磷酸酯酶,是否含有杂蛋白,并由区带色泽深浅推测酸性磷酸酯酶和杂蛋白的相对量。请直接在电泳图谱上标明上述结论,包括组分名称(如酸性磷酸酯酶和杂蛋白)和相对分子质量范围。注意,样品实际电泳图谱中标准 Marker 蛋白最上面的区带是相对分子质量为 116.0 kDa 的 β-半乳糖苷酶。有条件的实验室还可以使用生物电泳分析系统进行拍照和进一步分析处理,请参见附录Ⅲ。

六、注意事项

　　1. PAGE 电泳对水的要求非常高,必须用重蒸水或者某些市售的纯净水(如娃哈哈纯净水),切勿使用自来水、矿泉水和一般蒸馏水。

　　2. 丙烯酰胺和亚甲基双丙烯酰胺是神经性毒剂,对皮肤也有刺激作用,配试剂时须带医用手套,以避免与皮肤接触。

　　3. 丙烯酰胺和 SDS 的纯度直接影响实验结果的准确性。因此对不纯的丙烯酰胺和 SDS 试剂应进行重结晶处理。

　　4. SDS 缓冲液在低温保存时产生沉淀,因此,SDS 电泳应在室温中进行。

5. 温度对聚合速度影响显著,为保证凝胶质量,需根据室温变化适当调整凝胶浓度及催化剂用量。

6. 电泳过程产生热量,温度过高会使区带扩散或蛋白变性,因此,电泳时需注意冷却装置或在 0~4℃冰箱中进行。

思考题

1. 为什么样品要在电泳前进行高温处理?

2. 浓缩胶在电泳中起什么作用?

3. 请在实验时注意观察,是点样前加电极缓冲液好还是点样后加电极缓冲液好?

4. 如果电泳过程中发现电泳槽的电极缓冲液液面在缓慢上升,这是什么原因造成的? 应怎样解决?

附　录

附录 I　实验所需的药品

药品名称	规格	药品名称	规格
1. 硫酸锌	A.R.	25. 硼酸	A.R.
2. 氯化钠	A.R.	26. 甲基红	A.R.
3. 碘化钾	A.R.	27. 亚甲基蓝	生物指示剂
4. 硫代硫酸钠	A.R.	28. 盐酸	A.R.
5. 醋酸	A.R.	29. 牛血清白蛋白	生化试剂
6. 可溶性淀粉	A.R.	30. 考马斯亮蓝	G250
7. 人血清		31. 95％乙醇	A.R.
8. 葡萄糖	A.R.	32. 磷酸氢二钠	A.R.
9. 石油醚	A.R.	33. 磷酸二氢钾	A.R.
10. 正丁醇	A.R.	34. 乙酸钠	A.R.
11. 冰醋酸	A.R.	35. 磷酸苯二钠	A.R.
12. 赖氨酸	生化试剂	36. 钨酸钠	A.R.
13. 苯丙氨酸	生化试剂	37. 钼酸钠	A.R.
14. 缬氨酸	生化试剂	38. 磷酸	A.R.
15. 茚三酮	A.R.	39. 硫酸锂	A.R.
16. 巴比妥	A.R.	40. 溴	A.R.
17. 巴比妥钠	A.R.	41. 碳酸钠	A.R.
18. 氨基黑	生物染色素	42. 酚	A.R.
19. 甲醇	A.R.	43. 丙烯酰胺	A.R.
20. 无水乙醇	A.R.	44. 亚甲基双丙烯酰胺	A.R.
21. 浓硫酸	A.R.	45. Tris	A.R.
22. 硫酸钾	A.R.	46. SDS	A.R.
23. 硫酸铜	A.R.	47. 过硫酸铵	A.R.
24. 氢氧化钠	A.R.	48. 四甲基乙二胺	A.R.

药品名称	规格	药品名称	规格
49. 甘氨酸	A. R.	52. 溴酚蓝	A. R.
50. β-巯基乙醇	A. R.	53. 考马斯亮蓝	R250
51. 甘油	A. R.		

附录 Ⅱ　实验所需的器材(1 套)

名称	规格	数量
1. 取样器	1 mL	8 支
2. 取样器	5 mL	8 支
3. 微量滴定管	5 mL	2 支
4. 试管	18 mm×180 mm	60 支
5. 锥形瓶	100 mL	7 只
6. 漏斗	6 cm	6 只
7. 洗瓶	500 mL	11 只
8. 铁架台		4 个
9. 索氏提取仪		1 套
10. 烧瓶	150 mL	1 只
11. 十字夹		3 个
12. 龙爪		3 个
13. 固定夹		2 个
14. 烧杯	5 000 mL	1 只
15. 烧杯	50 mL	1 只
16. 烧杯	10 mL	1 只
17. 培养皿	9 cm	6 套
18. 层析滤纸	22 cm×14 cm	1 张
19. 电吹风		1 个
20. 托盘、针、线		1 套
21. 玻璃板		1 块
22. 镊子		2 个
23. 克氏定氮仪		1 套
24. 克氏定氮烧瓶	50 mL	2 只
25. 酒精灯		1 只
26. 表面皿	9 cm	3 个
27. 试管架		6 个

28. 托盘天平		1 台
29. 烧杯	100 mL	3 只
30. 碾钵	10 cm	1 套
31. 取样器架		8 个
32. 泡沫架		1 个
33. 塑料饭盒		1 个
34. 药勺		1 支
35. 刀片		1 片
36. 脸盆		1 个
37. 滤纸	11 cm	公用
38. 乳胶管		公用
39. 喷雾器		公用
40. 塑料薄膜		公用
41. 点样器		1 支
42. 玻璃棒		1 支
43. 电炉		公用
44. 打火机		公用
45. 塑料手套		公用
46. 记号笔		公用
47. 纱布		公用
48. 烧杯	500 mL	8 只
49. 微量注射器	100 μL	2 支
50. 金属药勺		公用

附录Ⅲ　实验所需的设备及其使用方法

设 备 列 表

仪器名称	型号规格	参考价格(元)	生 产 厂 家
电热鼓风干燥箱	101C-3,300℃	3 280	上海市实验仪器总厂
电子天平	BS210S	8 415	北京赛多利斯天平公司
电子天平	MP10001	540	上海恒平科学仪器有限公司
数显恒温水浴锅	HH-2	510	常州国华电器有限公司
高速离心机	LG10-2.4A	7 566	北京医用离心机厂
双垂直电泳槽	DYCZ-24E	1 806	北京六一仪器厂
稳压稳流电泳仪	DYY-6C	2 272	北京六一仪器厂
生物电泳图像分析系统	FR-980	38 000	上海复日科技有限公司

一、101C-3型电热鼓风干燥箱

（一）技术参数

额定功率:(3 000±30)W;

电压:220 V;

频率:50 Hz;

相数:单;

加热器数量:2组;

加热器总功率:3 kW;

温度调节范围:50～300℃;

温度波动度:±1℃;

温度均匀度:±7.5℃;

鼓风机转速:2 800 r/min;

工作量尺寸($D\times W\times H$):350×450×450;

外观尺寸($D\times W\times H$):500×810×813;

毛重:110 kg。

（二）操作前准备

1. 使用前需认真阅读本说明书，了解操作使用及安全注意事项。

2. 在供电线路中需安装专供本产品使用的电源开关，并用比电源线粗一倍的导线作接地线。

3. 通电前应检查本设备电气线路或部件的紧固情况以及绝缘电阻是否大于 0.5 MΩ。

4. 将功率转换开关置于"0"位置。

（三）操作方法

1. 将在侧电气箱内的金属调节器右旋至阻止位使接点闭合，鼓风机（超温警铃）开关置于"断"。

2. 接通电源，超温报警灯亮，电源供电正常。

3. 按下绿按钮，温度显示屏上有正常温度显示（当显示为负数或大于温控仪额定值很多时，应先检查温控仪及其传感器是否良好），同时报警灯灭；将鼓风电机（超温警铃）开关置于"开"，电动机应正常运转。

4. 超温报警设定：将温控仪状态开关置于"预置"位，旋转设定旋钮至显示屏所显示的温度为报警温度止（用户可根据试品的许可温度确定高于工作温度的报警温度），然后参照"加热功率与开关挡位对照表"将功率开关转换到对应的挡位上，使工作室加热升温，同时把温控仪状态开关置于"测温"位，此时显示屏显示的是工作室内的温度，当工作室内温度到达设定的超温报警温度时，调整金属调节器使之报警（调节器顺时针旋转为提高控温点，逆时针旋转为降低控温点）。如此将调节器反复调整几次，可提高报警正确度，报警调整完毕。

5. 将控温仪状态开关置于"预置"位，旋转设定钮至显示出所需要的工作温度，再将状态开关置于"测温"位。

6. 根据工作温度及所采用的功率，参照"加热功率与开关挡位对照表"将转换开关转换到与加热功率所对应的挡位上（由于受环境及试品数量的影响，用户在使用中可自行选择合适的功率，以满足工作温度值、升温速度及温度过冲等方面的要求）。

7. 使用完毕后，按下红按钮并断开电源开关（按红按钮后，由于报警电路启动，会出现报警灯亮，报警铃响的现象，断开电源开关后消失）。

（四）注意事项

1. 本设备为非防爆型干燥箱，故切勿将易燃、易挥发、易爆炸的物品放入箱内干燥处理,也勿将本设备放在易燃、易爆的环境里工作,以防造成意外事故。

2. 试品搁板的平均负荷为 45 kg/m,放置物品切勿过密与超载,试品之间须留有一定空隙(即风道),散热板上不能放置试品及其他东西,以免影响空气对流。

3. 该设备应安放在室内干燥水平处,周围应留有 1 m 以上空间,便于设备散热及操作和维护。

4. 使用设备需有专人负责,每次使用完毕应切断电源。

5. 由于长期使用后,门封石棉条被碰撞压缩,易造成热量外泄,造成温控仪或其他电气原件的损坏,应注意经常的维护处理甚至更换石棉条。

6. 用户在使用中应经常清扫电加热器上的积污或金属类垃圾,以防电气短路或延长加热器使用寿命。

7. 首次或长期搁置恢复使用本设备时,应经空载开机一段时间(最好8 h以上,期间开停机 2～3 次)后再放置试品进行干燥处理,以消除运输、装卸、贮存中可能产生的故障,免除无谓的损失。

二、MP 型系列电子天平(图 F-3-1)

(一) 安置天平

1. 圆秤盘类天平的安装

将盘托和圆秤盘轻轻放入天平中央的秤盘芯中,轻轻旋转应无擦碰天平外壳的感觉,若擦碰应送修。

2. 方秤盘天平的安装

将方秤盘放在四个黑色盘托脚上,并使盘托脚全部隐于方秤盘内。

(二) 天平开机

电源适配器的插针插入天平后部电源插座,并接入外部电源,按一下(延时,约2 s)"开机/关机"键。天平进行自检(6 s),在这段时间内天平正在适应周围环境,然后显示称重零值。

图 F-3-1　MP10001 电子天平
及其控制面板

电源应符合以下要求：

功率：≥20 W；

交流电压：220 V；

频率：50 Hz；

在非常干噪的环境中，天平外壳可能带有静电。

（三）调节水平

1. 圆秤盘的水平调节

用天平的两只前调整脚，将气泡调整至水平指示器中央。

2. 方秤盘的水平泡调节

首先将天平两只后调整脚逆时针旋转抬离台面悬空；然后通过天平的两只前调整脚，将水平泡调至水平指示器中央；再将两只后调整脚顺时针轻轻旋转至刚好接触台面即可。

（四）校准天平

使用要求一般时，天平应预热 5 min；精确称重时，天平应预热 30 min；首次启用天平待放置地点变更之后，应放置数小时以使天平与环境温度一致后再使用。

（五）电池使用

方法 1　将购买的专用电池电源插针插入天平后部电源插座；

方法 2　用一个通用的 2 V 电池，供电电流大于等于 0.1 A。将天平侧立，掀开电池仓盖，红线接正，黑线接负。

注意：天平不使用时应将电池与天平断开，以免电池过放电损坏电池和天平。

（六）称重方法

1. 基本称重

按"去皮/置零"键一下，将天平清零，等待天平显示零，在秤盘上放置所称物体。称重稳定后，即可读取质量读数。

2. 使用容器称重

如需用容器装着待测物（如液体）进行称量（不包括容器的质量），方法如下：

① 先将空的容器放在秤盘上；

② 按"去皮/置零"键清零，等待天平显示零；

③ 将待测物体放入容器中,称重稳定后,即可读取质量读数。

（七）预防性保养

虽然我们天平的罩壳和秤盘由高级材料制成,但是滞留于上的致腐蚀物质如未被及时清除,时间长了同样会有腐蚀情况发生。

三、BS/BT 系列电子天平

（一）开机前准备工作

装配具有分析天平式防风罩的称量室,安装带有圆形称盘的天平各元件。

1. 电源接线。电子天平通过外部变压器供电。标识电压值必须与当地电压值相一致。如果给定的电源电压数值或者变压器的插头结构不符合用户应用的标准,则请您与供货商协调。

2. 电子天平的电源连线。当天平的量程小于 10 kg 时,插接电源插头,然后将变压器插头插入交流电源插座。

3. 防护措施。防护等级为 2 的变压器在没有采取其他措施的情况下允许与任何插座连接。输出电压的负极与电子天平壳体连接。

在进行操作时,电子天平壳体允许接地。数据接口同样与电子天平壳体（地）连接。

4. 电子部件(外围设备)的连线。在将辅助仪器(打印机、计算机)与数据接口连接或切断之前,电子天平必须断电。

5. 使用水平仪调节电子天平。在电子天平使用地点调整地脚螺栓的高度,使水平仪内的空气泡正好位于圆环的中央。

（二）电子天平的操作

为了达到理想的测量结果,电子天平在初次接通电源或者在长时间断电之后,至少需要 30 min 的预热时间。只有这样,天平才能达到所需要的工作温度。

1. 显示器接通与关断(待机状态)。为了接通或关断显示器,请按下开关键。

2. 仪器自检。在接通以后,电子称量系统自动实现自检功能。当显示器显示零时,自检过程即告结束。此时,天平工作准备就绪。

3. 清零。只有当仪器经过清零之后,才能执行准确的质量测量,按下两个去皮键中的一个,使质量显示为 0。这种清零操作可在天平的全量程范围内进行。

4. 简单称量(确定质量)。将物品放到称盘上。当显示器上出现作为稳定标记的质量单位"g"或其他选定的单位时,读出质量数值。关于这些单位的信息,您可在"质量单位"一节中找到。

5. 调整校正。在调校时,应考虑电子天平的灵敏度与其工作环境的匹配特性。在电子天平的工作场所,并在预热过程执行完毕后进行调校。在调校之前,也不应进行任何测量,如果改变了天平的工作场所,或者工作环境(特别是环境温度)发生变化,则都要求进行重新调校。同样,在仪器被搬动以后,也必须对其重新调校。

电子天平提供不同的调校功能,其选择与菜单代码有关。每个调校功能都可用"CF"键中断。BT 系列电子天平都配有一个内装的校正砝码,该校正砝码由电机驱动加载,并在结束调校过程之后被重新卸载。

(三)具有内装砝码的电子天平的灵敏度测试

菜单选择:194。

较大的空气压力和温度变化可能影响电子天平的显示特性。为了保证全量程范围内的显示精度,可用灵敏测试功能对显示精度进行检查。该功能将减轻您在决定是否有必要重新进行调校时的工作(比如:在长时间的系列称量中)。去除称盘上的被称物体,即为电子天平卸载,并清零。

当屏幕显示零时按下"CAL"键。内部的砝码由电机加载,此时屏幕上显示 CAL。在屏幕显示稳定后,即可获得当前质量值与理想值之间的误差(只能以克为单位)。

如外部故障,则短时显示"Err 02"。在此情况下请重新进行清零操作并按"CAL"键。

如果偏零误差大大超过可重复性,则必须对电子天平进行调校。

1. 锁定校正键。校正功能可用代码 197 关闭(在菜单——去连锁开关关闭时有效)。

2. 数据接口。当您想把测量数值用"赛多利斯数据打印机"打印输出时,只需将打印机的插头插入数据接口,无须其他调整。按结构类型的不同,在插接时需旋下或拔下数据接口的保护板。

3. 说明。在将外部设备(打印机、计算机)接到数据接口上或从其上拔下之前,电子天平必须断电,按下打印键,即可输出数据。

（四）维护保养

在对仪器清洗之前，将仪器与工作电源断开。在清洗时，不要使用强力清洗剂（溶剂类等），仅应使用中性清洗剂（肥皂）浸湿的毛巾擦洗。请注意，不要让液体渗到仪器内部。在用湿毛巾擦完后，再用一块干燥的软毛巾擦干。试样剩余物/粉末必须小心用刷子或手持吸尘器去除。

四、HH-2数显恒温水浴锅（图F-3-2）

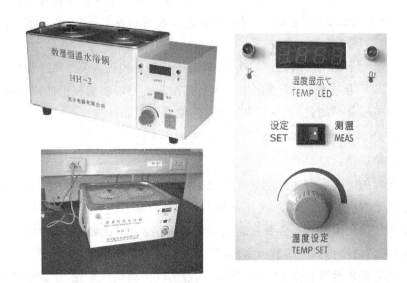

图 F-3-2　HH-2数显恒温水浴锅的两种款式及其控制面板

（一）技术指标

加热功率：500 W；

熔丝管：4 A；

孔数：2孔；

温控范围：室温～100℃；

温控精度：≤±0.5℃；

温升速度：由室温升至沸点≤70 min；

工作电压：AC 220 V 50 Hz；

使用环境：环境温度：5～40℃；相对湿度≤80%。

（二）使用前安全须知

1. 水箱应注入适量的洁净自来水，加热管至少应低于水面 5 cm。

2. 当工作室内水蒸发，水位低于最低线位时，应及时加入适量的水。

3. 用户提供的电源插座的电气额定参数应大于机器的电气额定参数，并有良好的接地措施。

4. 本机在高温使用时，人体不要直接接触仪器的底部，以免烫伤。

5. 电线、插头损坏或电器设备故障，应有专业人员修理。使用生产厂家未推荐的附件会造成一定的质量问题。

6. 更换保险丝，一定要先切断电源。

（三）使用说明

1. 往水箱注入适量的洁净自来水。

2. 将控温旋钮调到最低（从左向右调节温度逐渐增大）。

3. 接通电源，打开电源开关。

4. 将控制小开关置于"设定"段，此时显示屏显示的温度为设定的温度。调节旋钮，设置到工作所需温度即可（设定的工作温度应高于环境温度，此时机器开始加热，黄色指示灯亮，否则机器不工作）。

5. 将控制小开关置于"测量"端，此时显示屏显示的温度为水箱内水的实际温度，随着水温的变化，显示的数字也会相应变化。

6. 当加热到所需的温度时，加热会自动停止，绿色指示灯亮；当水箱内的水热量散发，低于所设定的温度时，新的一轮加热又会开始。

7. 机器严禁在长时间无人看管的情况下使用，以防水箱内水蒸干后，导致加热管爆裂。

8. 工作完毕，将温控旋钮置于最小值，切断电源。

9. 若水浴锅较长时间不使用，应将水箱中的水排尽，并用软布擦净、晾干。

（四）注意事项

1. 不要在高温和阳光直射的地方使用。

2. 严禁在正常工作的时候移动机器。

3. 严禁物体撞击机器。

4. 勿让儿童接近，以防发生意外。

5. 在更换熔断器前应先确保电源已切断。

6. 禁用金属物或硬物擦洗机器，应用软布擦洗。

7. 严禁机器供电电压超高或过低,应为 220 V×(1±10%)。

(五) 常见故障的排除

1. 显示屏不亮。

检查电源插头是否插好,熔丝管是否烧坏,内部变压器是否烧坏、内部线头是否脱落,重新插好或更换焊好。

2. 测量或设定经常会显示"0000"。

检查控制表面的小开关接触是否良好,或与其脚连接的线是否脱落,请更换或重新焊好。

3. 显示屏显示正常,加热管不加热。

检查加热管是否烧坏和与加热管相连接的线是否脱落,以及控制加热的继电器触点是否烧坏,请更换或重新连接。

4. 显示屏显示不稳定,数字乱动。

检查水箱是否有渗水漏水现象,线路控制板是否潮湿,请重新紧固和晒干线路控制板。

5. 不搅拌。

检查调速旋钮是否坏,或电机坏,请更换。

五、LG10 - 2.4A 高速离心机

(一) 工作条件

1. 环境温度:5~40℃;

2. 相对湿度:不超过 80%;

3. 周围空气没有导电尘埃、爆炸性气体和腐蚀性气体存在;

4. 电源要求:单相交流(220±22)V;(50±1)Hz,标准正弦波。

(二) 主要参数与性能

1. 转速、相对离心力、容量:最高转速为 10 000 r/min,最大相对离心力为 11 000×g,最大容量为 240 mL;

2. 调速方式:无级;

3. 旋转方向:逆时针;

4. 定时范围及精度:0~59 min,允许误差±8 min;

5. 整机电流:5 A;

6. 外形尺寸:410 mm×450 mm×387 mm;

7. 净重:45 kg。

(三)操作方法

1. 将离心机置于平稳台面上。

2. 试料配平。

3. 检查:

(1)调速旋钮(SPEED)应在"0"位;

(2)欲使用的旋转体应紧固,并确认安装正确;

(3)电源接好,插头插牢,接地使用;

(4)盖锁锁好。

4. 操作程序

(1)将电源开关(POWER)接到"ON"位置,电源接通,内装指示灯冷却风扇运转。

(2)如需定时使用,先旋转定时钮(TIME)至所需定时时间,按启动键(START)然后顺时针匀速转动转速调节旋钮(SPEED)观察转速表,至所需转速,离心机即可在定时时间内运转。重复在此转速使用,应先行定时后,再次按下启动键。

(3)如不需定时使用,先将定时器旋钮置于"M"位,再按启动键(START)然后顺时针匀速转动转速调节旋钮(SPEED),观察转速表,至所需转速。

(4)离心完毕,将转速调节旋钮旋回"0"位,电源开关搬到"OFF"。按动开锁钮,即可开盖取出样品,运转中严禁开盖,或企图在旋转惯性未完时用手制动。

5. 提醒与注意

(1)本机线路设计有延时启动,调速后1~3 s开始转动为正常现象。

(2)角度头转动惯量大,升速不宜过快、过猛。待转速达到5 000~6 000 r/min后,再继续升速。

(3)本机有离心腔,外有箱体,操作安全,但转速不得超过10 000 r/min。

(4)非专业人员勿调整面板上3个小圆孔内的调节电位器(调整转速表与实际转速用)。

(四)容器室清扫

本机容器室用橡胶密封圈嵌在机箱上,无螺钉紧固,可随时拆下清扫。清扫前,应先将旋转头卸下拿出,然后,起出容器室进行清扫,清扫后须按原装配形式嵌入机箱,同时将电机密封套套紧。安装时,通风孔位置须与拆下时在同一方向。

（五）维护与保养

1. 确认离心转头、转筒及其他旋转件安装可靠,稳固后方可开机。

2. 旋转中不可开启机器外盖,不可用手触摸旋转体。

3. 离心机体一定要接地使用,以确保安全。

4. 用毕请擦拭整机,避免锈蚀。长时不用,应涂油保存。

5. 本机备有三线插座,使用时必须接地,确保安全。

6. 启动后,如有不正常噪音及振动,应立即切断电源,排除故障。

7. 产品装箱保管时,须置于干燥室内。

8. 碳刷更换:当碳刷长度<10 mm 时,应进行更换。方法:打开离心机后板,拧下碳刷盖,换上新碳刷后,将碳刷盖拧好、装好后板,以 1 500 r/min 磨合 2～4 h 后使用。

9. 如需清扫或更换旋转头,请先将锁紧螺母旋出后,朝上方提拔转头,即可取下进行清扫或更换。安装转头时,请拧紧转头锁紧螺母。

六、DYY－6C 电泳仪（图 F－3－3）

图 F－3－3　DYY－6C 电泳仪

（一）用途

适宜普通蛋白、核酸电泳。

（二）结构及特点

1. 本仪器采用微电脑处理器作为控制核心,输出单元由开关电源构成。具有体积小、重量轻、输出功率大、工作可靠等优点。

2. 输出信息采用液晶显示,可同时显示电压、电流、定时时间等信息。

3. 具有定时报警功能。

4. 具有储存记忆上次开机所设置的工作参数的功能以方便使用。

5. 既可工作于稳压状态,也可工作于稳流状态。并可根据设定值自动转换,适合多种电泳工作的需要。

6. 具有 4 组并联的输出端子,可进行多槽并用。

7. 具有空载、超限、负载突变和过载保护功能。

（三）性能

1. 供电电源:交流 $220\,V\times(1\pm10\%)$, $50\,Hz\times(1\pm2\%)$;

2. 输入功率:约 $300\,W$;

3. 输出电压: $6\sim600\,V$;

4. 输出电流: $4\sim400\,mA$;

5. 额定输出功率: $240\,W$;

6. 纹波系数: $<2\%$;

7. 稳定度:稳压 $\leqslant1\%$,稳流 $\leqslant2\%$;

8. 调整率:稳压 $\leqslant2\%$,稳流 $\leqslant3\%$;

9. 定时时间: $1\,min\sim99\,h\,59\,min$;

10. 环境温度: $5\sim40℃$;

11. 相对湿度: $\leqslant80\%$;

12. 时间漂移: $\leqslant5\%$;

13. 温度系数: $\leqslant0.5\%$;

14. 外形尺寸: $315\,mm\times290\,mm\times128\,mm$;

15. 净重:约 $5\,kg$ 。

（四）操作步骤

1. 接好电源线并确认与有接地保护的电源插座相连。

2. 按颜色接好电泳槽与电泳仪的连接导线,并装入电泳样品。有关电泳样品的详细操作请参见电泳槽的使用说明。

3. 确认电源符合要求后,开启仪器的"电源开关"。

4. 此时"液晶显示屏"将有相应显示,同时仪器蜂鸣 4 声,然后显示上一次工作的设定值。对于每次重复同一参数使用时,即可直接选择 Strat 后启动输出。

5. 如要改变其数值可按上下按键,每按一次改变一个数字量;如希望快速改变按住按键不松,则数值会连续快速改变,当达到所需数值时松开即可。

6. 如希望查看并设定电压、电流和定时时间,可以按"选择"键,此时箭头指示相应位置。同样,其数值由上下调节按键控制。

7. 设定定时时间的范围为:1 min～99 h 59 min。

8. 按"启/停"键后,仪器鸣响 4 声,输出启动,"输出指示灯"闪亮。当输出稳定后,稳压/稳流状态由 U、I 是否闪烁表示。在稳压/稳流状态改变时,仪器会自动鸣响 2 声以提醒用户。仪器正常输出后,设定值 U_s、I_s、T_s 自动变为实际值 U、I、T。

9. 如果没有达到预想的稳定值,可采取两方面措施解决:

(1) 检查电泳样品的配置是否正常;

(2) 调节相应电压电流的设定值。

一般情况下,设定输出参数的原则是:先设定要稳定的参数值(电压或电流),然后将另一参数设定在安全的高限。例如:欲工作在稳压方式300 V,而正常工作电流在 200 mA 以内。则可将电压设定为 220 V。启动输出后如果电流小于 220 mA,则说明设置操作正常。假设启动后电压没有达到300 V,而电流已稳定在 220 mA,这种情况应该根据实际情况判断原因。如果此时电压接近 300 V,则可将电流稍稍增加一些即可。如果此时电压远小于300 V,则应该检查电泳样品是否正常。

同样,欲工作在稳流方式 100 mA,而正常工作电压在 200 V 以内,则将电流设定为100 mA,电压可设定为230 V。启动输出后如果电压小于230 V,则说明设置操作正常。假设启动后电流没有达到 100 mA,而电压已稳定在 230 V,这种情况也应具体分析,如果电流很接近 100 mA,可将电压稍稍增加一些即可,如果电流远低于 100 mA,则应检查电泳样品及输出回路是否正常。

在仪器正常输出时,可以随时对当前显示值进行调节。

10. 在仪器正常输出时,按"选择"键。

11. 选择设置 U_s、I_s、T_s 后,在 8 s 内不按任何键,则自动返回显示实际 U、I、T。

12. 在仪器正常输出时若要停机,可按"启/停"键,输出立刻关闭并显示"Stop"同时仪器反复蜂鸣,此时应按下"选择"键,仪器停止蜂鸣。如果希望继续工作则应该选择"Go On",定时时间继续累加。而如果选择"Start",则记时重新从"0:00"开始。

13. 定时到后仪器自动显示已用时间并反复鸣响以提示用户。考虑到电泳的实际情况,仪器输出始终不关,等待用户手动停机,如果用户希望继续工作,可以按一下"选择"键,仪器停止蜂鸣。当达到仪器的最大定时时间仪器将自动关输出,显示"Stop",以保证使用安全。

14. 工作中出现以下的显示信息的含义:

(1) Stop ——→停机

(2) No_Load ——→开路(空载)停机

(3) Over_Load ——→过载停机

(4) Over_U ——→电压超限

(5) Over_I ——→电流超限

当出现开路、过载等显示时,应检查相应输出回路是否存在故障。在6 s内恢复正常则仪器可以继续工作,否则停机。

本机在使用过程中对负载突变引起输出参数突变,以致造成对仪器损害或对应设备造成危险,具有较好的防护功能。例如,当稳流工作时负载突然断路,此时仪器的输出电压不会立刻升至最大,而是缓缓增加,这样就避免了断路点打火和仪器受损的情况发生。

(五) 维护和保养

1. 本机使用一段时间后应检查电极连线与电泳槽是否接触良好,以避免因连接故障造成仪器不能正常工作。

2. 仪器在使用过程中,切勿将电泳槽放在电泳仪上进行实验工作,严禁溅入电解质溶液。如溶液已进入电泳仪,切勿接通电源,以免造成事故。同时应由专业人士修理后才可使用。

3. 本机输出电压较高,开机后人体不宜和电泳槽溶液或样品接触,最好关机后再看样品,以免触电。

4. 本机接两个以上电泳槽时,电流显示值为各槽电流之和。而各槽上的电压是相同的。此时应采用稳压工作方式为宜。

5. 本仪器输出功率较大,因此采用了智能通风散热电路。当输出电流达到一定数值时,仪器后面板的风扇自动启动,因此,在仪器工作时不要用物体遮挡后面板。

6. 使用过程中如发现异常现象,要立即断电并进行检修。对不明原因可与厂家联系。

7. 在使用过程中出现停电后来电现象,本仪器将回到初始设定状态。

8. 当仪器达到最大时间 100 h 后,仪器自动关闭输出,并显示"END"。

9. 仪器使用环境应清洁,经常擦去仪器表面尘土和污物。

10. 不要将电泳仪放在潮湿的环境中保存。

11. 长时间不用应关闭电源。长期不用应拔掉电源插头并盖上防护罩。

七、SF9 – FR980 生物电泳分析系统(图 F – 3 – 4)

图 F – 3 – 4 SF9 – FR980 生物电泳分析系统组成

(一) 系统构成

1. 高档品牌 PC 工作站;

2. FR – 200A 全自动紫外与可见分析装置(图 F – 3 – 5,F – 3 – 6);

3. 反射/透射介质扫描仪;

4. 彩色热升华打印机;

5. SmartView 分析软件。

系统可通过全自动紫外/可见分析装置及透光扫描仪直接获得各种核酸、蛋白电泳凝胶图像。系统所配置 SmartView 生物电泳图像分析软件具有完整、快捷的 1 – D 分析功能(密度扫描、密度定量、相对分子质量计算等)。并可将所拍摄的电泳图谱及分析报告在高清晰度图像打印机上输出。

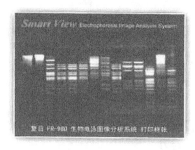

图 F-3-5　FR-200A 全自动紫外与可见分析装置及其控制面板

图 F-3-6　FR-200A 全自动紫外与可见分析装置的抽屉式载样台

（二）系统管理

打开和保存多种格式的实验图像。

实验图像的"卡片"管理功能。

图像打印、具有专业打印机校正功能。

完整的在线帮助功能。

（三）图像获取

从视频接口获得 FR-200A 全自动分析装置中的电泳图像。

从 TWAIN 接口获得扫描仪和数码相机的图像。

获取粘贴板上的图像，与 PhotoShop、Word 等其他软件交换图像资源。

图像复制功能，即对所获取的原始图像进行分割复制。

（四）图像增强

图像反色、即负片效果。

彩色图像转换为黑白灰度图像。

图像的镜像和旋转。

图像的对比度/亮度调整。

图像智能调整，即只对电泳条带进行增强、而不改变图像的背景。

自动图像调整由计算机完成图像的最优化。

集成了十余种图像滤波器，如："平均"或"平滑"滤波器可使图像噪声降低；使用"锐化"滤波器可增加图像锐度，使用"边界增强"滤波器可使可增加弱条带的边缘更清晰。

使用专业图像编辑器，对弯曲的电泳泳道和条带进行图像校正。

（五）电泳分析

密度扫描：对指定泳道进行扫描，绘出扫描曲线，并计算出该泳道中各条带的密度积分和峰高。

密度比较：在对多个泳道完成密度扫描后，可将扫描曲线在同一屏幕上进行灵活的比较。

相对分子质量计算：在输入 Marker 泳道中各条带的已知相对分子质量后，由计算机求出指定未知条带的相对分子质量和 bp 值（碱基对数）。

密度定量：在指定并输入已知条带的标准浓度值后，由计算机求出指定未知条带的光密度值。

定性分析：对指定泳道进行水平面扫描，从而得出在同一水平位置上是否有条带存在。

图像融合比较：将凝胶图像的 Marker 和样品区域划分开，并分别转化为两种不同颜色的图像，用户可将其随意重叠比较。

条带染色:将灰度图像中的目标条带染成特定颜色,并可利用该功能达到对凝胶图像"去除背景"的目的。

(六)附加工具

在图像上绘制箭头、标尺、文字等。

对图像进行比例放缩。

(七)使用方法

(1)将仪器电源插入220 V电源,如果与电脑连接需将视频线的一头接在装置 VIDEOOUR 上,另一头接入电脑专用图像卡上的 VIDEOIN 上。

(2)打开载样抽屉,选择放入紫外或可见载样玻璃板,放入样品,关好抽屉并拉紧。(由于本装置设计有防紫外泄漏装置,如抽屉未拉紧,紫外灯将不被点亮。)

(3)按面板上的 Power 打开总电源,选择 UV 紫外灯或 W. L 光灯。(W. LⅠ为可见透射光源、W. LⅡ为可见反射光源。)

(4)根据实验样品大小和需要,调节面板上 Focus 聚焦,当获得清晰的图像时,再调节 Iris 光圈、Zoom 聚焦,调节结果可通过预览屏幕观察也可通过电脑屏幕进行观察。

(5)由于紫外线对人体有害,本装置除有防紫外线保护装置外,还在凝胶切割操作观察窗口贴有防紫外薄膜,它能有效防止紫外线对人体产生的伤害。

(6)观察结束请取出样品,清洁箱内。建议载样板上可先垫保鲜膜再在保鲜膜上放入凝胶样品,这样可以有效保持箱内清洁。最后关闭总电源即可。

(八)仪器维护

(1)请不要对仪器进行随意拆卸;

(2)仪器应放置在通风、干燥和灰尘少的地方使用。不用时,请断开光源开关。

紫外滤色载样板属易碎贵重物品,请小心予以保护。仪器底座上备有载样板备用插槽,不用的载样板可以放入备用。

附录Ⅳ 生物化学实验室规则

(1) 每个同学都应该自觉地遵守课堂纪律,维护课堂秩序,不迟到,不早退,保持室内安静,不大声谈笑。服从指导教师和实验室工作人员安排,遵守实验室的各项规章制度。

(2) 实验前必须认真预习实验内容,熟悉本节课实验的目的、原理、操作步骤,了解所用仪器的正确使用方法。

(3) 要听从教师的指导,严肃认真地按操作规程进行实验,并简要、准确地将实验结果和数据记录在实验记录本上。完成实验后经教师检查同意,方可离开。课后写出简要的报告,由课代表收交给教师。

(4) 实验台面应保持整洁,仪器、药品摆放整齐。公用试剂用毕,应立即盖严放回原处,勿使试剂药品洒在实验台面和地上。实验完毕,玻璃仪器需洗净放好,将实验台面抹拭干净,经指导教师验收后才能离开实验室。

(5) 药品、试剂和各种物品必须注意节约使用。要注意保持药品和试剂的纯净,严防混杂污染。使用和洗涤仪器时,要小心仔细,防止损坏仪器。使用贵重精密仪器时,应严格遵守操作规程,每次使用后应登记姓名并记录仪器使用情况,发现故障要立即报告指导教师,不得擅自动手检修。

(6) 注意安全。实验室内严禁吸烟,不得将含有易燃溶剂的实验容器接近火焰。漏电设备不得使用。离开实验室前应检查水、电、门、窗。禁用手直接接触(或用皮肤接触)有毒药品和试剂。凡产生烟雾、有毒气体和不良气味的操作步骤均应在通风橱内进行。

(7) 废弃液体(强酸、强碱溶液必须先用水稀释)可倒入水槽内,及时放水冲走。废纸、火柴及其他固体废物(带渣滓)以及溶液中沉淀的废物都应倒入废品缸内,不能倒入水槽或到处乱扔。

(8) 仪器损坏时,应如实向指导教师报告,并填写损坏仪器登记表,然后补领。

(9) 实验室内一切物品,未经本室负责教师批准,严禁携出室外,借出物品必须办理登记手续。

(10) 每次实验课由班长安排轮流值日生,值日生要负责当天实验室的卫生、安全和一些服务性的工作。

（11）对实验的内容和安排不合理的地方可提出改进意见。对实验中出现的一切反常现象应进行讨论，并大胆提出自己的看法，做到生动、活泼、主动地学习。

附录Ⅴ　　实验室安全及防护知识

在生物化学实验室中,经常与毒性很强、有腐蚀性、易燃烧和具有爆炸性的化学药品直接接触,常使用易碎的玻璃和瓷质的器皿,以及在煤气、水、电等高温电热设备的环境下进行紧张而细致的工作。因此,必须十分重视安全工作。

一、实验室安全守则

(1) 进入实验室开始工作前,应了解煤气总阀门、水阀门及电闸所在处。离开实验室时,要将室内检查一遍,将水、电、煤气的开关关好,门窗锁好。

(2) 使用煤气灯时,灯焰大小和火力强弱,应根据实验的需要来调节。用火时,应做到火着人在,人走火灭。

(3) 使用电器设备(如烘箱、恒温水浴、离心机、电炉等)时,严防触电;绝不可用湿手或在眼睛旁视时开关电闸和电器开关。检查电器设备是否漏电时,应用电笔测试,凡是漏电的仪器,一律不能使用。

(4) 使用浓酸、浓碱必须极为小心,防止溅失。用吸量管吸取这些试剂时,必须使用橡皮球,不可用口吸取。若不慎将试剂溅在实验台或地面上,必须及时用湿抹布抹洗干净。如果触及皮肤应立即治疗。

(5) 使用可燃物品,特别是易燃物品(如乙醚、丙酮、苯、金属钠等)时,应特别小心;不要大量放在桌上,更不应放在靠近火焰处。只有在远离火源,或将火焰熄灭后,才可大量倾倒这类液体。低沸点的有机溶剂不准在火焰上直接加热,只能在水浴上利用回流冷凝管加热或蒸馏。如果不慎倾出了相当量的易燃液体,则应按下述方法处理。

　　·立即关闭室内所有的火源和电加热器。

　　·关门,开启小窗及窗户。

　　·用毛巾或抹布擦拭撒出的液体,并将液体拧到大的容器中,然后再倒入带塞的玻璃瓶中。

(6) 用油浴操作时,应小心加热。

(7) 废液,特别是强酸或强碱不能直接倒入水槽中。

二、实验室灭火法

实验中一旦发生了火灾,应保持镇静。首先立即切断室内一切火源和电源,然后根据具体情况积极正确地进行抢救和灭火。常用的方法有:

(1) 在可燃液体燃着时,应立刻拿开着火区域内的一切可燃物质,关闭通风器,防止扩大火势。乘着火面积较小时,用石棉布、湿布、铁片或沙土覆盖,隔绝空气使之熄灭。但覆盖时要轻,避免碰坏或打翻盛有易燃溶剂的玻璃器皿,导致更多的溶剂流出而再着火。

(2) 酒精及其他可溶于水的液体起火时,可用水灭火。

(3) 汽油、乙醚、甲苯等有机溶剂着火时,应用湿棉布或沙土扑灭。不能用水,否则会扩大燃烧面积。

(4) 金属钠着火时,可把沙子倒在它的上面灭火。

(5) 导线着火时,不能用水及二氧化碳灭火器灭火,应切断电源或用四氯化碳灭火器。

(6) 衣服被烧着时切忌奔走,可用衣服、大衣等包裹身体或躺在地上滚动,灭火。

(7) 发生火灾时应注意保护现场,较大的着火事故应立即报警。

三、实验室急救

在实验过程中不慎发生受伤事故,应立即采取适当的急救措施。

(1) 受玻璃割伤及其他机械损伤:首先必须检查伤口内有无玻璃或金属等的碎片,然后用硼酸水洗净,再涂擦碘酒或红汞水,必要时用纱布包扎。若伤口较大或过深而大量出血,应迅速在伤口上部和下部扎紧血管止血,立即到医院诊治。

(2) 烫伤:用酒精消毒后,涂上药膏。如果伤处红肿(一级灼伤),应擦医用橄榄油或用棉花蘸酒精敷在伤处;若皮肤起泡(二级灼伤)不要弄破水泡,防止感染;若伤处皮肤呈棕色或黑色(三级灼伤),应用干燥且无菌的消毒纱布轻轻包扎,急送医院治疗。

(3) 强碱(如氢氧化钠,氢氧化钾)、钠、钾等触及皮肤而引起灼伤时,要先用大量自来水冲洗,再用 5% 硼酸溶液涂洗。

(4) 强酸、溴等触及皮肤而致灼伤时,应立即用大量自来水冲洗 5% 碳酸氢钠或 5％氢氧化钾溶液洗涤。

（5）如酚触及皮肤引起灼伤，可用酒精洗涤。

（6）若煤气中毒时，应立即到室外呼吸新鲜空气，诊治。

（7）水银容易由呼吸道进入人体，也可以经皮肤直接吸收而引起积累性中毒。严重中毒的征象是口中有金属味，呼出气体也有气味；流唾液，牙床及嘴唇上有硫化汞的黑色；淋巴腺及唾液脓肿大。严重中毒时，应送医院急救，急性中毒时，通常用炭粉或呕吐剂彻底洗胃，或者食入蛋白（如牛奶加 3 个鸡蛋清）或蓖麻油解毒并使之呕吐。

（8）触电：触电时可按下述方法之一切断电路：

① 关闭电源；

② 用干木棍使导线与被害者分开；

③ 使被害者和土地分离，急救时急救者必须做好防止触电的安全措施，手或脚必须绝缘。

附录Ⅵ　常用缓冲液的配制方法

由一定物质所组成的溶液,在加入一定量的酸或碱时,其氢离子浓度改变甚微或几乎不变,此溶液称为缓冲溶液,这种作用称为缓冲作用,其溶液内所含物质称为缓冲剂。缓冲剂的组成,多为弱酸及这种弱酸与强碱所组成的盐,或弱碱及这种弱碱与强酸所组成的盐。调节两者的比例可以配制成各种pH的缓冲液。以下为常用缓冲溶液的配制表:

一、溶液配制注意事项

1. 药品要有较好的质量　试剂分为分析试剂(A. R.)、化学纯(C. P.)和实验试剂(L. R.)等等。工业用的化学试剂,杂质较多,只在个别情况下应用。

2. 药品称量要精确。

3. 配制试剂用水应用新鲜的去离子水或双蒸水,在蛋白测定等要求较高的用途中,应特别注意此项要求,配制一般化验用溶液只要求用双蒸水或去离子水。

二、0.067(1/15)mol/L 磷酸缓冲液

pH	0.2 mol/L Na_2HPO_4	0.2 mol/L NaH_2PO_4	pH	0.2 mol/L Na_2HPO_4	0.2 mol/L NaH_2PO_4
5.8	8.0	92.0	7.0	61.0	39.0
5.9	10.0	90.0	7.1	67.0	33.0
6.0	12.3	87.7	7.2	72.0	28.0
6.1	15.0	85.5	7.3	77.0	23.0
6.2	18.5	81.5	7.4	81.0	19.0
6.3	22.5	77.5	7.5	84.0	16.0
6.4	26.5	73.5	7.6	87.0	13.0
6.5	31.5	68.5	7.7	89.5	10.5
6.6	37.5	62.5	7.8	91.5	8.5
6.7	43.5	56.5	7.9	93.0	7.0
6.8	49.0	51.0	8.0	94.7	5.3
6.9	55.0	45.0			

三、醋酸-醋酸钠缓冲液（0.2 mol/L ）

pH 18℃	0.2 mol/L NaAc(mL)	0.2 mol/L HAc(mL)	pH 18℃	0.2 mol/L NaAc(mL)	0.2 mol/L HAc(mL)
3.6	0.75	9.25	4.8	5.90	4.10
3.8	1.20	8.80	5.0	7.00	3.00
4.0	1.80	8.20	5.2	7.90	2.10
4.2	2.65	7.35	5.4	8.60	1.40
4.4	3.70	6.30	5.6	9.10	0.90
4.6	4.90	5.10	5.8	9.40	0.60

四、巴比妥钠-盐酸缓冲液（18℃ ）

pH	0.04 mol/L 巴比妥钠溶液 （mL）	0.2 mol/L 盐酸 （mL）	pH	0.04 mol/L 巴比妥钠溶液 （mL）	0.2 mol/L 盐酸 （mL）
6.8	100	18.4	8.4	100	5.21
7.0	100	17.8	8.6	100	3.82
7.2	100	16.7	8.8	100	2.52
7.4	100	15.3	9.0	100	1.65
7.6	100	13.4	9.2	100	1.13
7.8	100	11.47	9.4	100	0.70
8.0	100	9.39	9.6	100	0.35
8.2	100	7.21			

五、柠檬酸-柠檬酸钠缓冲液（0.1 mol/L）

pH	0.1 mol/L 柠檬酸(mL)	0.1 mol/L 柠檬酸钠(mL)	pH	0.1 mol/L 柠檬酸(mL)	0.1 mol/L 柠檬酸钠(mL)
3.0	18.6	1.4	5.0	8.2	11.8
3.2	17.2	2.8	5.2	7.3	12.7
3.4	16.0	4.0	5.4	6.4	13.6
3.6	14.9	5.1	5.6	5.5	14.5
3.8	14.0	6.0	5.8	4.7	15.3
4.0	13.1	6.9	6.0	3.8	16.2
4.2	12.3	7.7	6.2	2.8	17.2
4.4	11.4	8.6	6.4	2.0	18.0
4.6	10.3	9.7	6.6	1.4	18.6
4.8	9.2	10.8			

六、硼酸盐缓冲液

1. 硼酸（H_3BO_3）

0.2 mol/L 硼酸：硼酸 12.37 g 加水至 1 000 mL。

2. 硼砂（$Na_2B_4O_7$）

0.05 mol/L 硼砂：硼砂 19.07 g 加水至 1 000 mL。

pH	0.05 mol/L 硼砂（mL）	0.2 mol/L 硼酸（mL）	pH	0.05 mol/L 硼砂（mL）	0.2 mol/L 硼酸（mL）
7.4	1.0	9.0	8.2	3.5	6.5
7.6	1.5	8.5	8.4	4.5	5.5
7.8	2.0	8.0	8.7	6.0	4.0
8.0	3.0	7.0	9.0	8.0	2.0

七、巴比妥缓冲液

1. pH8.2 离子强度 0.05 mol/L 巴比妥缓冲液

巴比妥钠	47.6 g
蒸馏水	3 000 mL
1.17 mol/L HCl	55.0 mL

（193 mL 浓 HCl 加 1 807mL 蒸馏水）

（1）将 4.76 g 巴比妥钠溶于 3 000 mL 蒸馏水。

（2）加 1.17 mol/L HCl 55 mL。

（3）用 HCl 调节 pH 到 8.2,并加蒸馏水至 4 265 mL。

2. pH8.4　0.06 mol/L 巴比妥缓冲液

巴比妥	1.84 g
巴比妥钠	10.30 g
加蒸馏水至	1 000.00 mL

3. pH8.6　0.06 mol/L 巴比妥缓冲液

巴比妥	1.66 g
巴比妥钠	12.76 g
加蒸馏水	1 000.00 mL

八、0.2 mol/L 醋酸盐缓冲液

pH		0.2 mol/L	0.1 mol/L	pH		0.2 mol/L	0.1 mol/L
23℃	37℃	Tris(mL)	HCl(mL)	23℃	37℃	Tris(mL)	HCl(mL)
9.10	8.95	25	5	8.06	7.90	25	27.5
8.92	8.76	25	7.5	7.96	7.82	25	30.0
8.75	8.60	25	10.5	7.87	7.73	25	32.5
8.62	8.48	25	12.5	7.77	7.63	25	35.0
8.50	8.37	25	15.5	7.66	7.52	25	37.5
8.40	8.27	25	17.5	7.54	7.40	25	40.0
8.32	8.18	25	20.0	7.36	7.22	25	42.5

九、三羟甲基甲烷-盐酸缓冲液（Tris - HCl 缓冲液）

不同 pH,0.05 mol/L 25 mL 0.2 mol/L 三羟甲基氨基甲烷加 x mL 0.1 mol/L HCl,加水稀释至 100 mL。

pH		0.2 mol/L	0.1 mol/L	pH		0.2 mol/L	0.1 mol/L
23℃	37℃	Tris(mL)	HCl(mL)	23℃	37℃	Tris(mL)	HCl(mL)
9.10	8.96	25	5	8.05	7.90	25	27.5
8.92	8.78	25	7.5	7.96	7.82	25	30.0
8.74	8.60	25	10.0	7.87	7.73	25	32.5
8.62	8.48	25	12.5	7.77	7.63	25	35.0
8.50	8.37	25	15.0	7.66	7.52	25	37.5
8.40	8.27	25	17.5	7.54	7.40	25	40.0
8.32	8.18	25	20.0	7.36	7.22	25	42.5
8.23	8.10	25	22.5	7.20	7.05	25	45.0
8.14	8.00	25	25.0				

三羟甲基氨基甲烷(Tris)

相对分子质量＝121.14

0.2 mol/L 三羟甲基氨基甲烷:Tris 24.23 g,加水至 1 000 mL。

0.1 mol/L HCl:取 HCl 8.6 mL,加水至 1 000 mL。

十、0.5 mol/L pH9.5 碳酸盐缓冲液

$NaHCO_3$	3.70 g
Na_2CO_3	0.60 g

溶于 600.00 mL 蒸馏水中即得。

不用时塞紧瓶塞，以免吸收空气中二氧化碳使 pH 下降。最好小量配制。

十一、0.15 mol/L PB 缓冲液

pH	0.15 mol/L Na_2HPO_4 (mL)	0.15 mol/L NaH_2PO_4 (mL)
6.4	26.5	73.5
6.6	37.5	62.5
6.8	49.0	51.0
7.0	61.0	39.0
7.2	72.0	28.0
7.4	81.0	19.0
7.6	87.0	13.0

十二、0.2 mol/L PB 缓冲液

pH	0.2 mol/L Na_2HPO_4 (mL)	0.2 mol/L NaH_2PO_4 (mL)
5.8	8.0	92.0
6.0	12.3	87.7
6.2	18.5	81.5
6.4	26.5	73.5
6.6	37.5	62.5
6.8	49.0	51.0
7.0	61.0	39.0
7.2	72.0	28.0
7.4	81.0	19.0
7.6	87.0	13.0
7.8	91.5	8.5
8.0	94.7	5.3

附录 Ⅶ　常用数据表

一、常用蛋白质相对分子质量标准参照物

(1) 高相对分子质量标准参照		(2) 中相对分子质量标准参照		(3) 低相对分子质量标准参照	
肌球蛋白	相对分子质量		相对分子质量		相对分子质量
肌球蛋白	212 000	磷酸化酶 B	97 400	碳酸酐酶	31 000
β-半乳糖苷酶 B	116 000	牛血清白蛋白	66 200	大豆胰蛋白酶	21 500
磷酸化酶 B	97 400	谷氨酶脱氢酶	55 000	抑制剂	
牛血清白蛋白	66 200	卵白蛋白	42 700	马心肌球蛋白	16 900
过氧化氢酶	57 000	醛缩酶	40 000	溶菌酶	14 400
醛缩酶	40 000	碳酸酐酶	31 000	肌球蛋白(F1)	8 100
		大豆胰蛋白酶	21 500	肌球蛋白(F2)	6 200
		抑制剂		肌球蛋白(F3)	2 500
		溶菌酶	14 400		

二、一些常用酸碱指示剂

指示剂名称	颜色		变色 pH 范围	配制方法
	酸	碱		0.1 g 溶于 250 mL 下列溶剂
甲基黄	红	黄	2.9～4.0	90%乙醇
溴酚蓝	黄	紫	3.0～4.6	水,含 1.49 mL 0.1 mol/L NaOH
甲基橙	红	橙黄	3.1～4.4	游离酸:水 钠盐:水,含 3 mL 0.1 mol/L HCl
溴甲基绿	黄	蓝	3.6～5.2	水,含 1.43 mL 0.1 mol/L NaOH
甲基红	红	黄	4.3～6.3	钠盐:水 游离酸:60%
石蕊	红	蓝	5.0～6.0	水
溴麝香草酚蓝	黄	蓝	6.0～7.6	水,含 1.6 mL 0.1 mol/L NaOH
中性红	红	橙棕	6.8～8.0	70%乙醇
酚酞	无色	桃红	8.3～10.0	70%～90%乙醇

三、常用固态化合物的分子式和相对分子质量

化 合 物	分子式	相对分子质量
盐 酸	HCl	36.46
氢氧化钠	$NaOH$	40.00
氢氧化钾	KOH	56.11
草 酸	$H_2C_2O_4$	90.04
氯化钠	$NaCl$	58.44
氯化钾	KCl	74.56
硫 酸	H_2SO_4	98.08
醋 酸	CH_3COOH	60.05
磷 酸	H_3PO_4	98.00
磷酸二氢钠	NaH_2PO_4	119.98
磷酸氢二钠	Na_2HPO_4	141.96
磷酸二氢钾	KH_2PO_4	136.09
磷酸氢二钾	K_2HPO_4	174.18
二乙胺四乙酸二钠（EDTA – Na₂）	$C_{10}H_{14}N_2O_8Na_2$	372.24
硝 酸	HNO_3	63.01
碘	I_2	253.81
碘化钾	KI	166.01
硼 酸	H_3BO_3	61.83
碳酸氢钠	$NaHCO_3$	84.01
碳酸钠	Na_2CO_3	105.99
硼 砂	$Na_2B_4O_7$	381.43

四、常见的市售酸碱的浓度

溶 质	分子式	相对分子质量	物质的量的浓度（mol/L）	质量浓度（g/L）	质量百分比（%）	相对密度	配制 1 mol/L 溶液的加入量（mL/L）
冰乙酸	CH_3COOH	60.05	17.40	1 045	99.5	1.050	57.5
乙 酸		60.05	6.27	376	36	1.045	159.5

溶　　质	分子式	相对分子质量	物质的量的浓度（mol/L）	质量浓度（g/L）	质量百分比（%）	相对密度	配制 1 mol/L 溶液的加入量（mL/L）
甲　酸	HCOOH	46.02	23.40	1 080	90	1.200	42.7
盐　酸	HCl	36.50	11.60	424	36	1.180	86.2
			2.90	105	10	1.050	344.8
硝　酸	HNO₃	63.02	15.99	1 008	71	1.420	62.5
			14.90	938	67	1.400	67.1
			13.30	837	61	1.370	75.2
高氯酸	HClO₄	100.50	11.65	1 172	70	1.670	85.8
			9.20	923	60	1.540	108.7
磷　酸	H₃PO₄	98.10	18.10	1 445	85	1.700	55.2
硫　酸	H₂SO₄	98.10	18.00	1 776	96	1.840	55.6
氢氧化铵	NH₄OH	35.00	14.80	251	28	0.898	67.6
氢氧化钾	KOH	56.10	13.50	757	50	1.520	74.1
氢氧化钠	NaOH	40.00	19.10	763	50	1.530	52.4

五、各种浓度的酸碱贮存液的近似 pH

溶　　质	1 mol/L	0.1 mol/L	0.01 mol/L	0.001 mol/L
乙　酸	0.40	2.90	3.40	3.90
盐　酸	0.10	1.07	2.02	3.01
柠檬酸		2.10	2.60	
氢氧化铵	11.80	11.30	10.80	10.30
氢氧化钠	14.05	13.07	12.12	11.13
碳酸氢钠		8.40		

六、离心机与离心力

离心机分为高速离心机和低速离心机,每分钟 4 000 转以下的离心机称

半径 (cm)	离心力 (g)		转速 (r/min)

图 F - 7 - 1 离心力计算表

注:用尺连接半径线与转速线,与离心力线交叉的数字即为离心力;用尺连接半径线与离心
力线,延伸线与转速线的交叉点为所需转速。

为低速离心机,每分钟 4 000～20 000 转的离心机称为高速离心机,这类离心机有冷冻装置。每分钟 20 000 转以上的离心机称为超速离心机。由于许多样品(如大分子物质等)都是极小的颗粒或溶质,它们在重力场中沉降速度极慢,同时还存在扩散作用,只有超速离心所产生的强大的离心力场,才有可能将它们彼此分离。

过去的资料中,所用离心条件多用转数表达,现在国际资料中已经改用相对离心力(Relative Centrifugal Force, RCF)表示,因为离心力不仅为转速的函数,也是离心半径的函数。转速相同时,离心半径越长,离心力越大,故仅以转速表达离心力是不科学的。

相对离心力的单位用重力加速度 Gravity,简写为"g"。$g = 9.8 \text{ m/s}^2$。如半径单位为 cm、转速单位为 r/min,则离心力和转速的关系为:

$$离心力(F) = \frac{角速度(\omega)^2 \times 离心半径(r)}{980}$$

$$角速度(\omega) = 转速 \times \frac{2\pi}{60} = 转速 \times 0.104\ 72$$

所以

$$离心力(F) = \frac{(转速 \times 0.104\ 72)^2 \times 离心半径}{980}$$

参 考 文 献

［1］ 张龙翔,张庭芳,李令媛.生化实验方法和技术.2版.北京:高等教育出版社,1997.

［2］ 赵永芳.生物化学技术原理及应用.3版.北京:科学出版社,2002.

［3］ 陈钧辉,陶力,李俊,等.生物化学实验.3版.北京:科学出版社,2003.

［4］ 陈毓荃.生物化学实验方法和技术.北京:科学出版社,2002.

［5］ 何忠效.生物化学实验技术.北京:化学工业出版社,2004.

［6］ 王宪泽.生物化学实验技术原理和方法.北京:中国农业出版社,2002.

［7］ 赵锐,李旭蛙.生物化学实验教程.北京:中国科学技术出版社,2004.

［8］ 黄如彬,丁昌玉,林厚怡.生物化学实验教程.北京:世界图书出版社,1995.

［9］ 韦平和,徐秀兰.生物化学实验与指导.北京:中国医药科技出版社,2003.

［10］ 余冰宾,段明星,周广业,等.生物化学实验指导.北京:清华大学出版社,2004.

［11］ 于自然,黄熙泰,李翠凤.生物化学习题及实验技术.北京:化学工业出版社,2003.

［12］ 周先碗,胡晓倩.生物化学仪器分析与实验技术.北京:化学工业出版社,2003.

［13］ 杨安钢,毛积芳,药立波.生物化学与分子生物学实验技术.北京:高等教育出版社,2001.

［14］ 杨建雄.生物化学与分子生物学实验技术教程.北京:科学出版社,2002.

［15］ 梁宋平.生物化学与分子生物学实验教程.北京:高等教育出版社,2003.

［16］ 王联结,熊正英,王喆之.生物化学与分子生物学原理.北京:科学出版社,1999.

［17］ 王淳本.实用生物化学与分子生物学实验技术.武汉:湖北科学技术出版社,2003.

［18］ 吴耀生,周素芳,赖祥进.新编生物化学实验.北京:人民卫生出版社,2002.

［19］ 汪炳华.医学生物化学实验技术.武汉:武汉大学出版社,2002.

［20］ 刘粤梅,朱怀荣.生物化学实验教程.北京:人民卫生出版社,1997.

［21］ 邵雪玲,毛歆,郭一清.生物化学与分子生物学实验指导.武汉:武汉大学出版社,2003.

［22］ 蔡武城,李碧羽,李玉民.生物化学实验技术教程.上海:复旦大学出版社,1987.

内 容 提 要

　　《生物化学实验多媒体教程》是一套集图文和音像为一体的实验教材。它形象生动地演示了生物化学实验中仪器设备的正确使用、实验装置的科学搭建和规范操作等实验环节。该教程精选了 12 个实验，它们都是基础的生物化学实验，内容涵盖糖、脂、蛋白质、核酸和酶等领域，涉及层析技术、电泳技术、重量法、容量法、分光光度法等常用的分离鉴定、定性定量分析手段。

　　本教程适合作为高校非生物化学专业学生的实验教材或实验参考书，特别有利于教师讲解实验、学生预习和复习实验；对于不具备实验条件的高校而言，还可以用来模拟实验、演示实验。